DE TELDUIVEL

Hans Magnus Enzensberger
De telduivel

Een hoofdkussenboek voor iedereen
die bang voor wiskunde is

Met tekeningen van Rotraut Susanne Berner
Vertaald door Piet Meeuse

1998

DE BEZIGE BIJ

AMSTERDAM

Copyright © 1997 Carl Hanser Verlag München/Wien
Copyright © 1997 vertaling Piet Meeuse
Eerste druk februari 1998
Tweede druk april 1998
Derde druk augustus 1998
Uitgave De Bezige Bij, postbus 75184
1070 AD Amsterdam
Oorspronkelijke titel *Der Zahlenteufel*
Uitgave Carl Hanser Verlag
Printed in Germany
ISBN 90 234 8149 6 CIP
NUGI 212

Voor Theresia

De eerste nacht

Dromen, daar had Robert schoon genoeg van. Ik ben toch altijd de sigaar, zei hij bij zichzelf. In een droom werd hij bijvoorbeeld vaak door een reusachtige, onsmakelijke vis opgeslokt, en als het weer eens zover was, snoof hij ook nog een afgrijselijke stank op. Of hij roetsjte langs een eindeloze glijbaan steeds dieper de diepte in. Hij kon *Stop!* of *Help!* roepen zoveel hij wilde, het ging almaar sneller en sneller bergafwaarts met hem, net zo lang tot hij zwetend wakker schrok.

Een andere valse truc werd met Robert uitgehaald wanneer hij heel erg graag iets wilde hebben, bijvoorbeeld een racefiets met minstens achtentwintig versnellingen. Dan droomde hij dat die fiets, lila metallic gelakt, voor hem klaarstond in de kelder. Het was een ongelofelijk heldere droom. Daar stond de fiets, links van het wijnrek, en hij wist zelfs de combinatie van het cijferslot: 12345. Dat was nog eens makkelijk te onthouden! Midden in de nacht werd Robert wakker, nog half slaapdronken pakte hij de sleutel van de plank en

waggelde in zijn pyjama de vier trappen af –
en wat vond hij links naast het wijnrek? Een
dode muis. Dat was bedrog! Een heel gemene
truc.

Mettertijd kwam Robert erachter hoe je je tegen die gemene streken kon verweren. Zodra
hij zoiets droomde, dacht hij bliksemsnel, zonder wakker te worden: daar heb je die akelige
ouwe vis weer. Ik weet precies hoe het nu verdergaat. Die wil me opslokken. Maar het is zo
klaar als een klontje dat het een gedroomde vis
is, en die kan me natuurlijk alleen in een
droom opslokken, en anders niet. Of hij dacht:
nu roetsj ik alweer naar beneden, niks aan te
doen, ik kan het niet tegenhouden, maar ik
roetsj toch niet *echt.*

En zodra die fantastische racefiets voor de
tweede keer opdook, of een computerspelletje
dat hij absoluut wilde hebben – daar stond het
toch, heel duidelijk, binnen handbereik naast
de telefoon –, wist Robert al dat het weer eens
klinkklare oplichterij was. Hij keek niet eens
meer naar de fiets. Hij liet hem gewoon staan.

Maar hoe sluw hij het ook aanpakte, het was toch allemaal vervelend, en daarom was hij nogal slecht te spreken over zijn dromen.

Tot op een dag de telduivel verscheen.

Robert was allang blij dat het deze keer geen hongerige vis was waarvan hij droomde, en dat hij niet van een heel hoge, wiebelige toren op een eindeloze glijbaan steeds dieper de diepte in roetsjte. In plaats daarvan droomde hij van een weiland. Het gekke was alleen dat de grassprieten ver in de lucht omhoogstaken, zo hoog dat ze Robert boven zijn hoofd en zijn schouders groeiden. Hij keek om zich heen en zag vlak voor zich een tamelijk oud en klein heertje, ongeveer zo groot als een sprinkhaan, dat op een veldzuringblad zat te wippen en hem met glinsterende oogjes aankeek.

– Wie ben jij dan wel? vroeg Robert.

De man schreeuwde hem verrassend luid toe:

– Ik ben de telduivel!

Maar Robert wou zich door zo'n dwerg niet op zijn kop laten zitten.

– Om te beginnen, zei hij, bestaat er helemaal geen telduivel.

– O nee? Waarom praat je dan met me, als ik niet eens besta?

– En verder haat ik alles wat met wiskunde te maken heeft.

– Hoe dat zo?

– 'Wanneer twee bakkers in zes uur 444 krakelingen bakken, hoe lang hebben vijf bakkers dan nodig om 88 krakelingen te bakken?' – Wat een flauwekul, foeterde Robert verder. Een idiote manier om je tijd te verdoen. Dus verdwijn! Hoepel op!

De telduivel sprong zwierig van zijn zuringblad en nam plaats naast Robert, die uit protest tussen het boomlange gras op de grond was gaan zitten.

– Hoe kom je aan dat krakelingenverhaal? Waarschijnlijk van school.

– Waar anders vandaan, zei Robert. Meneer Van Balen, de nieuweling die in onze klas wiskunde geeft, heeft namelijk altijd honger, terwijl hij al zo dik is. Als hij denkt dat wij het niet in de gaten hebben omdat we op onze sommen zitten te broeden, haalt hij altijd stiekem een krakeling uit zijn aktetas. Die vermaalt hij dan terwijl wij zitten te rekenen.

– Nou ja, zei de telduivel, en hij grijnsde. Geen kwaad woord over je leraar, maar met wiskunde heeft dat echt niks te maken. Zal ik je eens wat zeggen? De meeste echte wiskundigen kunnen helemaal niet rekenen. Bovendien vinden ze het zonde van de tijd. Daar heb je toch je zakjapannertje voor? Heb jij dat niet?

– Jawel, maar die mogen we op school niet gebruiken.

– Aha, zei de telduivel. Geeft niks. Een beetje tafels leren, daar is niks mis mee. Kan goed van pas komen als je batterij op is. Maar wiskunde, goeie genade! Dat is iets heel anders!

– Je wilt me alleen maar ompraten, zei Robert. Ik vertrouw je niet. Als je mij in m'n droom ook nog met huiswerk lastigvalt, dan ga ik schreeuwen. Dat is kindermishandeling!

– Als ik geweten had dat je zo'n bangeschijter bent, zei de telduivel, dan´was ik niet eens gekomen. Ik wil tenslotte alleen maar een beetje met je praten. 's Nachts heb ik namelijk meestal vrij en ik dacht: ga eens bij Robert langs, die is het vast zat om steeds weer langs diezelfde glijbaan te roetsjen.

– Klopt.

– Nou dan.

– Maar ik laat me niks wijsmaken, riep Robert. Onthou dat goed.

Toen sprong de telduivel op, en opeens was hij helemaal niet meer zo klein.

– Zo praat je niet tegen een duivel, schreeuwde hij.

Hij trappelde rond op het gras, tot de halmen plat op de grond lagen en zijn ogen fonkelden.

– Sorry, mompelde Robert.

Hij vond het zo langzamerhand toch een beetje griezelig allemaal.

– Als je over wiskunde net zo gemakkelijk kunt praten als over films of fietsen, waar heb je dan een duivel voor nodig?

– Dat is het nu net, vriend, antwoordde het mannetje. Het duivelse van getallen is dat ze zo eenvoudig zijn. Eigenlijk heb je er niet eens een zakjapannertje bij nodig. Je hebt, om te beginnen, maar een ding nodig: de één. Daarmee kun je bijna alles doen. Als je bijvoorbeeld bang bent voor grote getallen, laten we zeggen: vijfmiljoenzevenhonderddrieëntwintigduizend achthonderdtwaalf, begin dan eenvoudig zo:

$$1+1$$
$$1+1+1$$
$$1+1+1+1$$
$$1+1+1+1+1$$
$$\cdots$$

en zo voort, net zo lang tot je bij vijfmiljoenenzovoort bent aangekomen. Je gaat me toch niet vertellen dat dat je te ingewikkeld is! Dat snapt toch iedere oen. Of niet?

– Jawel, zei Robert.

– En dat is nog niet alles, ging de telduivel verder. Hij hield nu een wandelstok met een zilveren knop in zijn hand en zwaaide daarmee voor Roberts neus heen en weer.

– Als je bij vijfmiljoenenzovoort bent aangekomen, tel je gewoon verder. Je zult zien, dat gaat door tot in het oneindige. Er zijn namelijk oneindig veel getallen.

Robert wist niet of hij dat moest geloven.

– Hoe kun je dat nu weten? vroeg hij. Heb je het uitgeprobeerd?

– Nee, dat heb ik niet. Ten eerste zou dat te lang duren en ten tweede is het overbodig.

Dat snapte Robert niet goed.

– Als ik tot zo ver kan tellen, dan is het aantal getallen niet oneindig, bracht hij ertegenin, óf het is wel oneindig, maar dan kan ik niet zo ver tellen.

– Fout! schreeuwde de telduivel. Zijn knevel trilde, zijn gezicht werd rood, van louter woede zwol zijn hoofd op en werd steeds groter.

– Fout? Hoezo fout? vroeg Robert.

– Domkop! Hoeveel kauwgumpjes denk je dat er tot vandaag op de hele wereld gekauwd zijn?

– Weet ik niet.

– Doe eens een gooi.

– Ontzettend veel, zei Robert. Albert en Bettina en Charley alleen al, en de anderen in mijn klas, en die hier in de stad, en in heel Duitsland, en in Amerika... dat loopt in de miljarden.

– Minstens, meende de telduivel. Laten we nu

aannemen dat we bij het allerlaatste kauw-gumpje zijn aangeland. Wat doe ik dan? Ik trek een nieuw kauwgumpje uit mijn zak, en dan hebben we het getal van alle tot nu toe ge-kauwde kauwgumpjes plus één – de eerstvol-gende. Snap je dat? Ik hoef die kauwgumpjes helemaal niet te tellen. Ik geef je gewoon een recept hoe het verdergaat. Meer is niet nodig.

Robert dacht een ogenblik na. Toen moest hij toegeven dat de man gelijk had.

– Dat gaat trouwens ook omgekeerd, voegde de telduivel eraan toe.

– Omgekeerd? Wat bedoel je met omgekeerd?

– Tja, Robert – nu grijnsde hij weer –, er be-staan niet alleen oneindig grote, maar ook on-eindig kleine getallen. En wel oneindig veel.

Bij deze woorden liet de kerel zijn wandelstok voor Roberts gezicht rondsnorren als een pro-peller.

Daar word je duizelig van, dacht Robert. Het-zelfde gevoel als op de glijbaan, waarop hij al zo vaak almaar dieper de diepte in geroetsjt was.

– Hou op! schreeuwde hij.

– Waarom zo zenuwachtig, Robert? Dat kan toch helemaal geen kwaad. Kijk eens hier, ik neem een nieuw kauwgumpje. Hier...

Inderdaad trok hij een echt stuk kauwgum uit zijn zak. Alleen was dat ding zo groot als een

boekenplank, zag het er verdacht lila uit en was het keihard.

– Moet dat een kauwgumpje voorstellen?

– Een gedroomde kauwgum, zei de telduivel. Die deel ik nu met jou. Let op. Tot nu toe is hij nog heel. Het is *mijn* kauwgum. Eén persoon, één kauwgum.

Hij stak een stuk krijt, dat er ook verdacht lila uitzag, op de punt van zijn wandelstok en ging verder:

– Dat schrijf je zo:

De twee enen schreef hij gewoon in de lucht, zoals reclamevliegtuigen een of andere reclametekst in de lucht schrijven. Het lila schrift zweefde tegen de achtergrond van witte wolken en smolt pas na een tijdje weg als bramenijs.

Robert staarde omhoog.

– Waanzinnig, zei hij. Zo'n wandelstok zou ik ook wel kunnen gebruiken.

– Dat is toch niks bijzonders. Met dat ding

schrijf ik alles vol, wolken, muren, beeldscher-
men. Ik heb geen notitieboekje en geen aktetas
nodig. Maar daar gaat het niet om! Kijk liever
naar de kauwgum. Die breek ik nu in tweeën,
dan hebben we allebei een halve. Eén kauwgum, twee personen. De kauwgum komt boven en de personen onder:

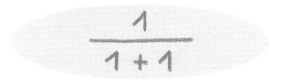

$$\frac{1}{1+1}$$

Nu willen natuurlijk de anderen er ook wat
van, die uit je klas.
– Albert en Bettina, zei Robert.
– Voor mijn part. Albert komt naar jou toe, en
Bettina naar mij, en we moeten allebei delen.
Elk krijgt een kwart:

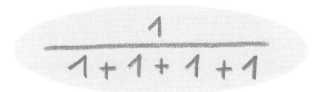

$$\frac{1}{1+1+1+1}$$

Daarmee is het natuurlijk nog lang niet afgelo-
pen. Er komen steeds meer lui die ook een
stukje willen. Eerst die uit jouw klas, dan de

hele school, de hele stad. Ieder van ons vieren moet van zijn kwart de helft weggeven en dan de helft van de helft en de helft van de helft van de helft enzovoort.

– Dan is het einde zoek, meende Robert.

– Tot de stukjes kauwgum zo ontzettend klein worden, dat je ze met het blote oog niet eens meer kan zien. Maar dat geeft niks. We delen ze steeds verder, tot ieder van de zesmiljard mensen op aarde er iets van heeft. En dan komen de zeshonderd miljard muizen aan de beurt, die willen ook wat. Je ziet wel, op die manier komt er nooit een eind aan.

Het oude baasje had met zijn stok steeds meer lila enen onder een eindeloos lange lila streep in de lucht geschreven.

– Jij kliedert de hele wereld vol, riep Robert.

– Ha! schreeuwde de telduivel, en nu blies hij zich steeds verder op. Dat doe ik alleen maar voor jou! Jij bent toch zo bang voor wiskunde en jij wilt alles toch zo eenvoudig mogelijk hebben, om niet in de war te raken?

– Maar altijd alleen maar enen, dat is op de

duur wel vervelend. Bovendien is het nogal omslachtig, waagde Robert tegen te werpen.

– Zie je wel? zei de telduivel en achteloos veegde hij met een hand de lucht leeg tot alle enen verdwenen waren. Natuurlijk zou het praktischer zijn als we iets beters verzonnen dan altijd maar 1 + 1 + 1 + 1... Daarom heb ik alle andere cijfers uitgevonden.

– Jij? Jij zou de cijfers hebben uitgevonden? Neem me niet kwalijk, dat maak je mij niet wijs.

– Nou ja, zei het oude baasje, ik of een paar anderen. Maakt toch niet uit wie het was. Waarom ben je toch zo wantrouwig? Als je wilt, doe ik je graag voor hoe je alle andere cijfers uit louter enen kunt maken.

– En hoe moet dat dan?

– Heel eenvoudig. Ik doe dat zo:

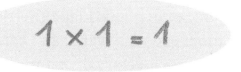

Vervolgens komt:

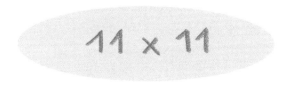

Daarvoor heb je toch je zakjapannertje niet nodig.

– Kom nou, zei Robert.

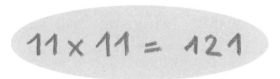

$$11 \times 11 = 121$$

– Zie je wel, zei de telduivel, nu heb je al een twee gemaakt, uit louter enen. En zeg me nu eens, hoeveel is

$$111 \times 111$$

– Dat gaat te ver, protesteerde Robert. Dat kan ik niet uit mijn hoofd uitrekenen.

– Dan neem je toch je zakjapannertje.

– Waar moet ik dat vandaan halen? Als ik droom heb ik toch geen zakjapannertje bij me.

– Neem dit dan maar, zei de telduivel, en drukte hem er een in de hand. Maar dat voelde wonderlijk week aan, alsof het van deeg was gemaakt. Het was een gifgroen en kleverig ding, maar het werkte. Robert toetste:

$$| | | \times | | |$$

En wat kwam eruit?

$$12321$$

– Te gek! zei Robert. Nu hebben we al een
drie.
– Zie je wel. En nu ga je gewoon zo verder.
Robert drukte aan een stuk door toetsen in.

$$1111 \times 1111 = 1234321$$
$$11111 \times 11111 = 123454321$$

– Heel goed! De telduivel sloeg Robert op de
schouder. Daar zit nog een heel bijzondere
truc in. Dat heb je zeker al gemerkt. Als je
zo verdergaat, komen namelijk niet alleen alle
cijfers van twee tot negen tevoorschijn, maar
je kan de uitkomst ook nog van voren naar
achter en van achter naar voren lezen, net zoals de woorden ANNA of OTTO of RED-
DER.
Robert probeerde verder te gaan, maar al bij

gaf het zakjapannertje de geest. Het deed *Pff!* en veranderde in een gifgroene brij, die langzaam wegsmolt.

– Jakkes! riep Robert en veegde met zijn zakdoek de groene troep van zijn vingers.

– Daarvoor heb je een grotere rekenmachine nodig. Voor een beetje computer is zoiets kinderspel.

– Zeker weten?

– Natuurlijk, zei de telduivel.

– Steeds maar verder? vroeg Robert. Tot in het oneindige?

– Natuurlijk.

– Heb je het al eens geprobeerd met

$$11\ 111\ 111\ 111 \times 11\ 111\ 111\ 111$$

– Nee, dat niet.

– Dan geloof ik niet dat het klopt, zei Robert.

De telduivel begon de opgave uit zijn hoofd te berekenen. Maar daarbij zwol hij weer onheilspellend op, eerst zijn hoofd, tot hij eruitzag als een rode ballon. Van woede, dacht Robert, of van inspanning.

– Wacht eens, bromde de oude baas. Dat wordt een soepzootje... Verdraaid. Je hebt gelijk, het klopt niet. Hoe wist jij dat?

– Dat wist ik helemaal niet, zei Robert. Ik heb alleen maar geraden. Ik ben toch niet zo gek dat ik zoiets ga uitrekenen.

– Wat een brutaliteit! In de wiskunde wordt niet geraden, begrepen? In de wiskunde werkt alles heel precies!

– Maar je beweerde toch dat het steeds zo verdergaat, tot in het oneindige. Was dat dan soms niet geraden?

– Wat denk je wel? Wie ben jij eigenlijk? Een vervloekte beginneling en verder niets! En jij wil mij het klappen van de zweep leren?

Met elk woord dat hij uitstiet werd de telduivel groter en dikker. Hij hapte naar adem. Robert werd langzamerhand bang voor hem.

– Jij getalsdwerg! Schrompelkop! Rechtopstaande muizenkeutel! schreeuwde de oude baas. En nauwelijks had hij het laatste woord uitgebracht of hij spatte van louter woede met een grote knal uit elkaar.

Robert werd wakker. Hij was uit zijn bed gevallen. Hij was een beetje duizelig, maar moest
toch lachen toen hij bedacht hoe hij de telduivel in de luren had gelegd.

De tweede nacht

Robert roetsjte. Het was nog altijd hetzelfde: nauwelijks was hij in slaap gevallen, of het begon. Steeds gleed hij omlaag. Deze keer was het een soort klimpaal. Niet naar beneden kijken, dacht Robert, hij hield zich vast en roetsjte met gloeiende handen dieper en dieper en dieper... Toen hij met een schok op de zachte mosbodem landde, hoorde hij gegiechel. Voor hem, op een fluweelzachte paddestoel met de kleur van bruin leer, zat de telduivel, kleiner dan hij zich herinnerde, en keek hem met glinsterende oogjes aan.

– Waar kom *jij* nu vandaan? vroeg hij aan Robert. Die wees naar boven. De klimpaal stak ver omhoog en bovenaan zag hij een schuin streepje. Robert was beland in een bosje dat uit louter reusachtige enen bestond.

De lucht om hem heen zoemde. Allemaal getallen die als kleine muggen rond zijn neus dansten. Hij probeerde ze met beide handen weg te wuiven, maar er waren er veel te veel en hij merkte hoe steeds meer van die nietige tweeën, drieën, vieren, vijven, zessen, zevens, achten en negens langs hem scheerden. Robert had toch al een behoorlijke hekel aan motten en nachtvlinders, en hij vond het maar niks als die beestjes hem te na kwamen.

– Heb je er last van? vroeg de oude. Hij strekte zijn vlakke handje en blies de getallen *Ffft!* weg. Opeens was de lucht schoon, alleen de boomlange enen rezen kaarsrecht de hemel in.

– Ga toch zitten, Robert, zei de telduivel. Hij was verrassend vriendelijk deze keer.

– Waar dan? Op een paddestoel?

– Waarom niet?

– Dat is toch zot, beklaagde Robert zich. Waar zijn we hier eigenlijk? In een kinderboek? De laatste keer zat je op een zuringblad en nu bied je me een paddestoel aan. Dat komt me bekend voor, dat heb ik vroeger al eens ergens gelezen.

– Misschien is het de paddestoel uit *Alice in Wonderland* wel, zei de telduivel.

– De duivel mag weten wat die sprookjesdingen met wiskunde te maken hebben, morde Robert.

– Dat komt ervan als je droomt, beste jongen. Denk je misschien dat *ik* al die muggen bedacht heb? Ik ben het niet die hier in bed ligt en slaapt en droomt. Ik ben klaarwakker! Dus wat doen we? Wil je hier eeuwig blijven staan?

Robert begreep dat de oude baas gelijk had. Hij klom op de dichtstbijzijnde paddestoel. Die

was enorm groot, zacht en bultig en comforta-
bel als een clubfauteuil.

– Hoe bevalt het je hier?

– Gaat wel, zei Robert. Ik vraag me alleen af
wie dat allemaal bedacht heeft, die getallen-
muggen en die klimpaal van een één, waarlangs
ik naar beneden geroetsjt ben. Van zoiets zou
ik nooit dromen. Dat was jij!

– Misschien wel, zei de telduivel en rekte zich
lui en zelfgenoegzaam uit op zijn paddestoel.
Maar er ontbreekt iets!

– Wat dan?

– De nul.

Dat klopte. Tussen al die muggen en motten
had niet één nul gezeten.

– Waarom is dat? vroeg Robert.

– Omdat de nul het laatste cijfer is waar de mensen op gekomen zijn. Geen wonder, want de nul
is het geraffineerdste getal van allemaal. Kijk maar!
Hij begon met zijn wandelstok weer wat in de
lucht te schrijven, daar waar de boomlange
enen een plekje vrijlieten:

$$MCM$$

– In welk jaar ben je eigenlijk geboren, Robert?

– Ik? In 1986, zei Robert een beetje onwillig.
En de telduivel schreef op:

$$MCMLXXXVI$$

– Dat ken ik, riep Robert. Dat zijn die ouder-
wetse getallen die je soms op het kerkhof ziet.
– Die komen van de oude Romeinen. Die
arme drommels hadden het niet makkelijk.
Hun getallen zijn moeilijk te ontcijferen, daar
begint het al mee. Maar deze hier kun je misschien wel lezen?

$$I$$

– Eén, zei Robert.
– En

$$X$$

– X is tien.
– Zie je wel. Jij, beste jongen, bent op

$$MCMLXXXVI$$

geboren.
– Jeetje, dat is omslachtig, kreunde Robert.

– Ja. En weet je waarom? Omdat de Romeinen geen nul hadden.

– Dat snap ik niet. En trouwens, jij met je nul. Nul is toch gewoon niks.

– Juist. Dat is nu net het geniale van de nul, zei de oude.

– Maar waarom is niks eigenlijk een getal? Niks telt toch helemaal niet.

– Misschien toch wel. Alleen is het niet zo makkelijk om bij die nul uit te komen. Maar laten we het eens proberen. Weet je nog hoe we de grote kauwgum opgedeeld hebben onder alle miljarden mensen, om van de muizen maar te zwijgen? De porties werden steeds kleiner, zo klein dat je ze helemaal niet meer zien kon, zelfs niet onder de microscoop. En zo hadden we door kunnen gaan met delen, maar het Niks, die nul, hadden we nooit bereikt. Bijna, maar nooit helemaal.

– Dus? zei Robert.

– Dus moeten we het anders aanpakken. Misschien moeten we het eens proberen met de min. Met de min gaat het makkelijker.

De telduivel stak zijn wandelstok uit en tikte tegen een van de reusachtige enen. Die begon meteen in te krimpen, tot hij heel makkelijk en handig naast Robert stond.

– Zo. Reken nu maar eens.

– Ik kan niet rekenen, beweerde Robert.
– Onzin.

$$1-1 =$$

– Eén min één is nul, zei Robert. Dat is duidelijk zat.
– Zie je? Zonder nul gaat het niet.
– Maar waarom moet je dat opschrijven? Als er niks overblijft, hoef je ook niks op te schrijven. Waarom een apart cijfer voor iets wat er toch niet is?
– Reken dit dan eens uit:

$$1-2 =$$

– Eén min twee is min één.
– Goed. Alleen – zonder die nul zie je getallenreeks er zo uit:

$$\dots\ 4, 3, 2, 1, -1, -2, -3, -4 \dots$$

– Het verschil tussen 4 en 3 is één, tussen 3 en 2 weer één, tussen 2 en 1 weer één, en tussen 1 en –1?

– Twee, verzekerde Robert.

– Dus moet je een getal hebben weggelaten tussen 1 en –1.

– Die rottige nul! riep Robert.

– Ik zei je toch dat het zonder de nul niet gaat. De arme Romeinen dachten ook dat ze geen nul nodig hadden. Daarom konden ze niet gewoon 1986 opschrijven, maar moesten ze zich afbeulen met hun M en C en L en X en V.

– Maar wat heeft dat met onze kauwgumpjes en met de min te maken? vroeg Robert zenuwachtig.

– Vergeet de kauwgum. Vergeet de min. De echte truc met de nul is een heel andere. Daarvoor heb je je koppie nodig, vriend. Kun je nog wel, of ben je moe?

– Nee, zei Robert. Ik ben blij dat ik niet meer omlaag roetsj. Het is hier op die paddestoel eigenlijk heel prettig.

– Goed. Dan wil ik je graag nog een klein sommetje opgeven.

Waarom is die vent opeens zo beleefd tegen me, dacht Robert. Die wil me vast op glad ijs lokken.

– Vooruit dan, zei hij.

En de telduivel vroeg:

$$9 + 1 =$$

– Als dat alles is, antwoordde Robert vliegens-
vlug. Tien!
– En hoe schrijf je dat?
– Ik heb geen pen bij me.
– Geeft niet, schrijf het maar in de lucht. Hier
heb je mijn wandelstok.

$$9 + 1 = 10$$

schreef Robert met lila wolkenschrift tegen de
lucht.
– Hoezo? vroeg de telduivel. Hoezo één nul?
Eén plus nul is toch geen tien?
– Flauwekul, riep Robert. Daar staat toch niet
één *plus* nul, daar staat een één met een nul, en
dat is tien.
– En waarom is dat tien, als ik vragen mag?
– Omdat je het nu eenmaal zo schrijft.
– En waarom schrijf je het zo? Kun je me dat
vertellen?
– Waarom, waarom, waarom... je werkt me op
m'n zenuwen, kreunde Robert.

– Wil je het niet weten? vroeg de telduivel en
leunde achterover op zijn paddestoel. Het bleef
lang stil, tot Robert het niet meer uithield.
– Nou, zeg het dan! zei hij eindelijk.
– Heel eenvoudig. Dat komt door het huppen.
– Huppen? zei Robert laatdunkend. Wat moet
dat betekenen? Sinds wanneer huppen getallen?
– Het heet huppen omdat *ik* het huppen
noem. Vergeet niet wie het hier voor het zeggen heeft. Ik ben niet voor niets de telduivel,
knoop dat in je oren.
– Oké, oké, suste Robert hem. Zeg dan eens
wat je met huppen bedoelt?
– Graag. Het is het beste om weer met de één
te beginnen. Of preciezer, met de vermenigvul-
diging van één.

$$1 \times 1 = 1$$
$$1 \times 1 \times 1 = 1$$
$$1 \times 1 \times 1 \times 1 = 1$$

Dat kun je zo vaak doen als je wilt, daar komt
toch steeds weer één uit.
– Natuurlijk. Wat anders?
– Ja, maar doe jij nu eens hetzelfde met twee.
– Goed, zei Robert.

$$2 \times 2 = 4$$
$$2 \times 2 \times 2 = 8$$
$$2 \times 2 \times 2 \times 2 = 16$$
$$2 \times 2 \times 2 \times 2 \times 2 = 32$$
. . .

Dat gaat verrekt snel omhoog! Als ik nog een poosje verderga heb ik algauw het zakjapannertje weer nodig.

– Laat maar. Het gaat nog sneller omhoog als je de vijf neemt:

$$5 \times 5 = 25$$
$$5 \times 5 \times 5 = 125$$
$$5 \times 5 \times 5 \times 5 = 625$$
$$5 \times 5 \times 5 \times 5 \times 5 = 3125$$
$$5 \times 5 \times 5 \times 5 \times 5 \times 5 = 15625$$

– Ophouden! schreeuwde Robert.

– Waarom wind je je altijd meteen op wanneer er een groot getal uit komt? De meeste grote getallen zijn heel onschuldig.

– Dat weet ik nog zo net niet, zei Robert. Bovendien vind ik het omslachtig, steeds diezelfde vijf nog eens en nog eens met zichzelf te vermenigvuldigen.

– Zeker. Daarom schrijf je als telduivel ook niet steeds weer hetzelfde op, dat zou me veel te saai worden. Ik schrijf:

$$5^1 = 5$$
$$5^2 = 25$$
$$5^3 = 125$$

enzovoort. Vijf tot de eerste, vijf tot de tweede, vijf tot de derde. Met andere woorden, ik laat de vijf huppen. Gesnapt? En als je hetzelfde met de tien doet, is het nog veel gemakkelijker. Dat gaat gesmeerd, helemaal zonder zakjapanner. Als je de tien één keer laat huppen, blijft hij zoals hij is:

$$10^1 = 10$$

Je laat hem twee keer huppen:

$$10^2 = 100$$

Je laat hem drie keer huppen:

$$10^3 = 1000$$

– Ik laat hem vijfmaal huppen, riep Robert,
dan is het 100.000. Nog een keer, en dan heb
ik een miljoen.
– Tot in het oneindige, zei de telduivel. Zo gemakkelijk gaat dat! En dat is het mooie aan de
nul. Je weet meteen wat een willekeurig cijfer
waard is, afhankelijk van de plaats waar het
staat, hoe verder naar voren, hoe meer, hoe verder naar achter, hoe minder. Als je 555 op-
schrijft, is de laatste vijf precies vijf waard en
niet meer; de voorlaatste vijf al tien keer zoveel,
namelijk vijftig; en de voorste vijf is honderd-
maal zoveel waard als de laatste, namelijk vijf-
honderd. En waarom? Omdat hij naar voren is
opgeschoven. Maar die vijven van de oude Romeinen, dat waren en bleven gewoon vijven
omdat de Romeinen niet konden huppen. En
ze konden niet huppen omdat ze geen nul hadden. Daarom moesten ze zulke kromme getallen als MCMLXXXVI schrijven. Wees blij, Robert! Jij bent heel wat beter af. Met behulp van
de nul en met een beetje huppen kun je alle ge-

41

wone getallen die je wilt zelf fabriceren, hoe groot of klein ze ook zijn. Bijvoorbeeld 786.

– Ik heb geen 786 nodig.

– Goeie genade, doe je toch niet dommer voor dan je bent! Neem dan je geboortejaar 1986.

De oude baas begon weer dreigend op te zwellen en de paddestoel waarop hij zat ook.

– Toe dan! brulde hij. Komt er nog wat van!

Daar gaan we weer, dacht Robert. Als hij zich opwindt is die vent onuitstaanbaar, erger dan meneer Van Balen. Voorzichtig schreef hij een grote één in de lucht.

– Fout! schreeuwde de telduivel. Helemaal fout! Waarom moet ik uitgerekend een sukkel als jij treffen? Je moet het getal opbouwen, eikel, niet gewoon neerkalken.

Het liefst was Robert meteen wakker geworden. Moet ik me dat laten welgevallen? dacht hij en hij keek toe hoe het hoofd van de telduivel steeds roder en dikker werd.

– Achteraan, riep de oude.

Robert keek hem niet-begrijpend aan.

– Achteraan moet je beginnen, niet vooraan.

– Als je bedoelt...

Robert wilde niet met hem bekvechten. Hij wiste de 1 uit en schreef een 6 op.

– Zie je wel. Is het kwartje eindelijk gevallen? Dan kunnen we verdergaan.

– Mij best, zei Robert chagrijnig. Eerlijk gezegd zou ik het leuker vinden als je niet bij iedere kleinigheid een woedeaanval kreeg.
– Het spijt me, zei de oude. Maar dat kan ik
niet helpen. Een telduivel is tenslotte niet de
kerstman.
– Ben je tevreden met mijn zes?
De oude baas schudde zijn hoofd en schreef eronder:

$$6 \times 1 = 6$$

– Dat is toch hetzelfde, zei Robert
– Dat zul je wel zien. Nu komt de acht. Maar
vergeet niet te huppen!
Opeens begreep Robert wat hij bedoelde en
schreef op:

$$8 \times 10 = 80$$

– Nu weet ik hoe het moet, riep hij voordat de
telduivel iets zeggen kon. Bij de negen moet ik
twee keer huppen met de tien, en hij schreef:

$$9 \times 100 = 900$$

en

$$1 \times 1000 = 1000$$

Dat was drie keer gehupt.
– Dat is samen:

$$6 + 80 + 900 + 1000 = 1986$$

Zo moeilijk is dat echt niet. Dat kan ik ook zonder telduivel.
– O ja? Ik geloof dat je een beetje overmoedig wordt, beste jongen. Tot nu toe heb je alleen maar met heel gewone getallen te maken gehad. Dat is een fluitje van een cent! Wacht maar tot ik de gebroken getallen uit de hoed tover. Daarvan zijn er namelijk nog veel meer. En dan de verzonnen getallen en de onverstandige getallen, waarvan er nog meer dan oneindig veel zijn – je hebt geen flauw benul! Getallen die altijd maar in een kringetje ronddraaien en getallen die gewoon niet meer ophouden!
Terwijl hij dat zei, werd de grijns van de telduivel steeds breder. Je kon nu zelfs de tanden in zijn mond zien, het waren er oneindig veel, en toen begon de oude baas ook nog zijn wandelstok voor Roberts ogen rond te draaien...
– Help! schreeuwde Robert en werd wakker. Nog

helemaal bevangen zei hij tegen zijn moeder:
– Weet je wanneer ik geboren ben? 6 x 1 en 8 x 10 en 9 x 100 en 1 x 1000.
– Ik weet niet wat er de laatste tijd met die jongen aan de hand is, zei Roberts moeder. Ze schudde haar hoofd en reikte hem een kop chocola aan.
– Dan kom je weer een beetje op krachten! Je slaat maar rare taal uit.
Robert dronk zijn chocola en hield zijn mond. Je kunt je moeder nu eenmaal niet alles uitleggen, dacht hij.

De derde nacht

Het kon Robert niet schelen dat de telduivel hem af en toe in zijn dromen kwam lastigvallen. Integendeel! Die ouwe was wel een betweter, en zijn woedeaanvallen waren ook niet erg aanlokkelijk: voor je het wist kon hij zich opblazen en met een rooie kop tegen je brullen. Maar dat was nog altijd beter, veel beter, dan door een glibberige vis te worden verslonden of dieper en dieper in een zwart gat omlaag te roetsjen.

Bovendien nam Robert zich voor om de telduivel, als hij terugkwam, te bewijzen dat hij ook niet op zijn achterhoofd was gevallen. Je zou die kerel eens op zijn nummer moeten zetten, dacht Robert voor hij in slaap viel. Die verbeeldde zich ik-weet-niet-wat met zijn nul. Eigenlijk was hij zelf niet veel meer dan een nul. Gewoon een droomspook! Je hoefde maar wakker te worden – en weg was hij.

Maar om hem op zijn nummer te zetten, moest Robert toch eerst van de telduivel dromen, en om van hem te dromen, moest hij eerst in slaap vallen. Robert merkte dat dat helemaal niet zo simpel was. Hij lag wakker en draaide zich om en om in zijn bed. Dat was hem nog nooit eerder gebeurd.

– Waarom lig je toch steeds zo te woelen? vroeg de telduivel.

Robert zag dat zijn bed in een hol stond. De oude baas zat voor hem en zwaaide met zijn wandelstok.

– Opstaan, Robert, zei hij. Vandaag gaan we delen!

– Moet dat nou? vroeg Robert. Je had trouwens toch op zijn minst kunnen wachten tot ik sliep. En delen, daar heb ik een hekel aan.

– Waarom?

– Nou kijk, als het om plus en min gaat, of om vermenigvuldigen, dan gaat elke som op. Alleen bij delen niet. Dan blijft er vaak een rest over, dat vind ik vervelend.

– De vraag is alleen: wanneer?

– Wanneer wát?

– Wanneer er een rest overblijft en wanneer niet, verduidelijkte de telduivel. Dat is het punt waar het om draait. Aan veel getallen kun je toch meteen zien dat je ze kunt delen zonder dat er een rest overblijft.

– Tuurlijk, zei Robert. Bij de even getallen blijft er nooit iets over als je ze door twee deelt. Geen probleem! En net zo makkelijk laten de getallen uit de tafel van drie zich delen:

$$9 : 3$$
$$15 : 3$$

enzovoort. Dat gaat precies zo als bij het vermenigvuldigen, alleen omgekeerd:

$$3 \times 5 = 15$$

Dus:

$$15 : 3 = 5$$

Daar heb ik geen telduivel voor nodig, dat kan
ik ook op m'n eentje.
Dat had Robert beter niet kunnen zeggen. De
oude baas trok hem met een ruk uit bed. Zijn
knevel trilde, zijn neus werd rood en zijn hoofd
leek op te zwellen.

– Je hebt er geen benul van, schreeuwde hij.
Alleen omdat je de tafels uit je hoofd hebt ge-
leerd, verbeeld je je dat je er alles van weet!
Geen bal weet je ervan!
Daar heb je de poppen weer aan het dansen,
dacht Robert. Eerst haalt hij mij uit bed, dan
ergert hij zich omdat ik geen zin heb om zomaar getallen te delen.
– Uit louter goedheid kom ik deze beginneling

opzoeken om hem wat bij te brengen, en nauwelijks doe ik mijn mond open of hij wordt al brutaal.

– Noem je dat goedheid? zei Robert.

Het liefst was hij weggelopen. Maar hoe kom je een droom uit? Hij keek rond in het hol, maar kon de uitgang niet vinden.

– Waar wil je heen?

– Weg.

– Als je nu wegloopt, dreigde de telduivel, zie je me nooit meer terug! Dan kun je je voor mijn part doodvervelen bij die meneer Van Balen van je en krakelingen eten tot je er misselijk van wordt.

Robert dacht: laat ik maar de wijste zijn en toegeven.

– Sorry, zei hij. Ik bedoelde het niet zo.

– Oké.

Zo snel als de woede van de telduivel was opgekomen, was hij ook weer verdwenen.

– Negentien, mompelde hij. Probeer het eens met de 19. Probeer die in gelijke delen te verdelen, maar zo dat er niets overblijft.

Robert dacht na.

– Dat gaat maar op één manier, zei hij ten slotte. Ik verdeel hem in negentien gelijke delen.

– Dat telt niet, antwoordde de telduivel.

– Of ik deel hem door nul.

– Dat mag in geen geval.

– Waarom zou dat niet mogen?

– Omdat het verboden is. Door nul delen is ten strengste verboden.

– En als ik het toch doe?

– Dan spat de hele wiskunde uit elkaar!

Nu begon hij zich alweer op te winden, die tel-duivel. Maar gelukkig beheerste hij zich en zei:

– Denk eens na. Wat zou er dan uitkomen, als je 19 door nul deelt?

– Weet ik niet. Misschien honderd of nul, of een of ander getal daartussenin.

– Net zei je dat je het alleen maar omgekeerd hoeft te doen. Dat was bij de drie.

$$3 \times 5 = 15$$

Dus dan moet

$$15 : 3 = 5$$

zijn. Probeer dat nu eens met de 19 en de nul!

Robert rekende:

– 19 gedeeld door nul is, laten we zeggen: 190.

– En omgekeerd?

– 190 maal nul... 190 maal nul... is nul.'

– Zie je? En welk getal je ook neemt, er komt altijd nul uit en nooit 19. Dus wat volgt daaruit? Dat je geen enkel getal door nul mag delen, want daar komt alleen maar onzin uit.

– Nou goed, zei Robert, dan niet. Maar wat moet ik dan met 19 beginnen? Waardoor ik het ook deel, door 2, door 3, door 4, 5, 6, 7, 8 – er blijft altijd een rest over.

– Kom eens hier, zei hij tegen Robert, dan verklap ik je iets. Robert boog zich zo dicht naar hem toe dat de knevel van de oude baas hem in zijn oor kietelde, en de telduivel fluisterde hem een geheim in.

– Weet je, je hebt doodgewone getallen die deelbaar zijn, en je hebt andere, waarbij dat niet gaat. Die vind ik leuker. Weet je waarom? Omdat ze prima zijn. Al meer dan duizend jaar hebben de wiskundigen hun tanden daarop stukgebeten. Fantastische getallen zijn dat. Bijvoorbeeld elf of dertien of zeventien.

Robert verbaasde zich, want de telduivel zag er plotseling zielsgelukkig uit, alsof hij een lekker hapje op zijn tong liet smelten.

– En zeg me nu eens, beste Robert, welke zijn

de eerste paar prima getallen?

– Nul, zei Robert, om hem op stang te jagen.

– Nul is verboden, riep de telduivel en zwaaide alweer met zijn wandelstok in het rond.

– Dan één.

– Eén telt niet. Hoe vaak moet ik het je nog zeggen!

– Nou goed, zei Robert. Wind je niet op. Twee dan. En drie ook, geloof ik. Vier niet, dat hebben we al uitgeprobeerd. Vijf zeker, de vijf kun je niet opdelen. Nou ja, enzovoort.

– Ha, wat betekent hier: enzovoort?

De oude baas was alweer tot rust gekomen. Hij wreef zich zelfs in de handen. Dat was een duidelijk teken dat hij weer eens een heel bijzondere truc achter de hand had.

– Dat is juist het mooie aan de prima getallen, zei hij. Geen mens weet van tevoren hoe het verdergaat met de prima getallen, behalve ik natuurlijk, maar ik verklap het niet.

– Ook niet aan mij?

– Aan niemand! Nooit! De grap is namelijk dat je aan een getal niet kunt zien of het prima is of niet. Geen mens kan dat van tevoren weten. Je moet het uitproberen.

– Hoe dan?

– Dat zullen we zo zien.

Hij begon met zijn stok op de wand van het hol te krabbelen, alle getallen van 2 tot 50. Toen hij ermee klaar was, zag het er zo uit:

	2	3	4	5	6	7	8	9	10
11	12	13	14	15	16	17	18	19	20
21	22	23	24	25	26	27	28	29	30
31	32	33	34	35	36	37	38	39	40
41	42	43	44	45	46	47	48	49	50

– Zo, vriend, en pak nu mijn wandelstok. Wanneer je erachter komt dat een getal niet prima is, hoef je het alleen maar daarmee aan te tippen. Dan verdwijnt het.

– Maar de één ontbreekt, wierp Robert tegen. En de nul.

– Hoe vaak moet ik het je nog zeggen! Dat zijn

57

allebei geen getallen zoals de andere. Die zijn *noch* prima, *noch* niet-prima. Weet je niet meer wat je helemaal in het begin hebt gedroomd? Dat alle andere getallen uit de één en de nul zijn ontstaan?

– Zoals je wilt, zei Robert. Dus wis ik eerst maar eens de even getallen, want het is een koud kunstje om die door twee te delen.

– Behalve de twee, waarschuwde de telduivel hem. Die is prima, vergeet dat niet.

Robert greep de wandelstok en begon. In een ommezien zag de getallenwand er zo uit:

	2	3		5		7		9	
11		13		15		17		19	
21		23		25		27		29	
31		33		35		37		39	
41		43		45		47		49	

– En nu ga ik verder met de drie. De drie is prima. Alles wat verder in de tafel van drie komt, is niet prima, want het is deelbaar door drie: 6, 9, 12 enzovoort.

Robert wiste de getallen die je door drie kon delen uit en er bleven over:

	2	3		5		7		
11		13				17		19
		23		25				29
31				35		37		
41		43				47		49

– Dan de tafel van vier. O nee, om de getallen die deelbaar zijn door vier hoeven we ons niet druk te maken, die zijn al weg omdat de vier niet prima is, maar 2 x 2. Maar de vijf, die is prima. De tien natuurlijk niet, die is trouwens ook al verdwenen, omdat die 2 x 5 is.

– En alle andere die op vijf eindigen, kun je ook schrappen, zei de oude baas.

– Tuurlijk:

	2	3		5		7		
11		13				17		19
		23						29
31						37		
41		43				47		49

Nu had Robert de smaak te pakken.

– De zes kunnen we wel vergeten, riep hij, die is 2 x 3. Maar de zeven is prima.

– Prima! riep de telduivel.

– De elf ook.

– En welke blijven er dan nog over?

Ja, lieve lezer en lezeres, dat moet je zelf maar uitzoeken. Neem een dikke viltstift en ga verder, tot er alleen nog prima getallen over zijn. Onder ons gezegd: het zijn er precies vijftien, niet meer en niet minder.

– Goed gedaan, Robert.

De telduivel stak zijn pijpje op en zat stilletjes te giechelen.

– Wat valt er nou te lachen? vroeg Robert.

– Ja, tot vijftig gaat het nog wel, zei de telduivel. Hij zat op zijn gemak in kleermakerszit en glimlachte boosaardig.

– Maar denk eens aan een getal als

10 000 019

of:

141 421 356 237 307

Is dat nu prima of niet? Als je eens wist hoeveel goede wiskundigen zich over die vraag al het hoofd hebben gebroken! Zelfs de grootste telduivels bijten hun tanden daarop stuk.
– Maar daarnet beweerde je toch dat jij wist hoe het met de prima getallen verderging. Je wilde het alleen niet verklappen.
– Dan heb ik misschien toch een beetje overdreven.
– Gelukkig dat jij ook eens wat toegeeft, vond Robert. Af en toe klink je alsof je geen telduivel, maar een getallenpaus bent.
– Eenvoudiger zielen proberen het met reusachtige computers. Daarmee rekenen ze maandenlang, tot ze een ons wegen. Weet je, de truc die ik je heb laten zien, eerst de tafel van twee, dan die van drie, en dan die van vijf eruit gooien enzovoort, dat is ouwe koek. Niet slecht, maar als het om grote getallen gaat, duurt dat een eeuwigheid. Intussen hebben we allerlei verfijndere methoden bedacht, maar hoe uitgekookt ze ook zijn – als het om de prima getallen gaat, staan we nog altijd met de mond vol tanden. Dat is juist het duivelse eraan, en het duivelse is leuk, vind je niet?
Terwijl hij dat zei, zwaaide hij vergenoegd met zijn stok.

– Ja, maar waarom zou je daar je hoofd over breken? vroeg Robert.

– Geen domme vragen stellen! Dat is toch juist het spannende, dat het in het Rijk van de getallen niet zo'n duffe boel is als bij jouw meneer Van Balen met zijn krakelingen! Wees blij dat ik je zulke geheimen verklap. Zoals bijvoorbeeld dit: je neemt een willekeurig getal, groter dan één, maakt niet uit welk, en dan verdubbel je dat.

– 222, zei Robert. En 444.

– Tussen elk van die getallen en het dubbele ervan is er altijd, maar dan ook ALTIJD, minstens één prima getal te vinden.

– Weet je 't zeker?

– 307, zei de telduivel. Maar het gaat ook op bij verschrikkelijk grote getallen.

– Hoe weet je dat?

– O, het wordt nog veel mooier, zei de oude baas en rekte zich ongegeneerd uit. Hij was niet meer te houden.

– Neem een willekeurig even getal, maakt niet uit welk, als het maar groter dan twee is, en ik zal je laten zien dat het de som is van twee prima getallen.

– 48, riep Robert.

– Eenendertig en zeventien, zei hij, zonder er lang over na te denken.

– 34, schreeuwde Robert.

– Negenentwintig plus vijf, antwoordde de telduivel. Hij nam niet eens de pijp uit zijn
mond.

– En lukt dat altijd? vroeg Robert verwonderd.
Hoe komt dat? Waarom is dat zo?

– Ja, zei de oude – hij trok rimpels in zijn voorhoofd en keek de rookkringeltjes na die hij de
lucht in blies –, dat zou ik ook wel eens willen
weten. Bijna alle telduivels die ik ken hebben
geprobeerd erachter te komen. Het komt altijd
uit, zonder uitzondering, maar niemand weet
waarom. Niemand kan bewijzen dat het zo is.

Dat is sterk! dacht Robert, en hij moest lachen.

– Dat vind ik echt prima! zei hij.

Het beviel hem wel dat de telduivel zulke dingen vertelde. Die had een tamelijk verbijsterd
gezicht getrokken, zoals steeds wanneer hij het
ook niet meer wist, maar nu sabbelde hij weer
aan zijn pijpje en lachte mee.

– Je bent helemaal niet zo dom als je eruitziet,
beste Robert. Jammer dat ik nu weg moet. Ik
ga vannacht nog een paar wiskundigen bezoeken. Ik vind het leuk om die kerels een beetje
te kwellen.

En kijk, hij werd al dunner. Nee, eigenlijk niet
dunner, maar steeds doorzichtiger, en toen was
het hol leeg. Alleen een klein rookwolkje zweef-

de nog in de ruimte. De wand met de getallen begon voor Roberts ogen te vervagen en het hol werd zacht en warm als een dekbed. Robert probeerde zich te herinneren wat ook alweer zo fantastisch was aan de prima getallen, maar zijn gedachten werden steeds witter en wolkiger als een gebergte van witte watten.

Zelden had hij zo goed geslapen.

En jij? Als je nog niet ingedut bent, zal ik je een laatste truc verklappen. Het gaat niet alleen met de even, maar ook met de oneven getallen. Zoek er maar een uit. Het moet wel groter dan vijf zijn. Laten we zeggen: 55. Of 27.

Ook die kun je uit prima getallen in elkaar knutselen, alleen heb je er dan niet twee, maar drie nodig. Nemen we bijvoorbeeld 55:

$$55 = 5 + 19 + 31$$

Probeer het eens met 27. Je zult zien: het gaat ALTIJD, ook al kan ik je niet zeggen waarom.

De vierde nacht

– Waar jij me allemaal mee naartoe sleept! De ene keer is het een hol dat geen uitgang heeft, de andere keer beland ik in een bos van louter enen, waarin paddestoelen groeien, zo groot als clubfauteuils, en vandaag? Waar ben ik eigenlijk?

– Aan zee. Dat zie je toch.

Robert keek om zich heen.

Wijd en zijd alleen wit zand, en achter een op zijn kop liggende roeiboot, waarop de telduivel zat, de branding. Een nogal verlaten oord!

– Je hebt je zakjapannertje alweer vergeten.

– Ja hoor eens, zei Robert. Hoe vaak moet ik je dat nog zeggen? Als ik in slaap val kan ik toch niet mijn hele boeltje meenemen. Weet jij soms de avond tevoren waar je van gaat dromen?

– Natuurlijk niet, antwoordde de oude baas. Maar als je van mij droomt, zou je toch evengoed meteen van je zakjapannertje kunnen dromen? Maar nee hoor! Ik moet alles weer tevoorschijn toveren. Altijd ik! En dan vindt-ie het rekenmachientje ook nog te zacht of te groen of te kleverig.

– 't Is beter dan niks, zei Robert.

De telduivel stak zijn stokje op en voor Roberts ogen verscheen een nieuwe rekenmachine. Die was niet zo kikkerachtig als de eerdere, maar wel reusachtig groot: een dicht behaard, wollig meubelstuk, zo lang als een bed of een sofa. Aan de zijkant zat een klein toetsenbordje met veel harige toetsen. Het raampje waarin je de oplichtende getallen kon aflezen besloeg de hele rugleuning van dit wonderlijke apparaat.

– Nou, toets maar eens in: één gedeeld door drie, beval de oude baas.

$$1 : 3$$

zei Robert en drukte op de toetsen. In het eindeloos lange venstertje verscheen de oplossing in lichtgroene cijfers:

$$0,3333333333333333333$$

– Houdt dat dan nooit op? vroeg Robert.

– Jawel hoor, zei de telduivel. Het houdt op waar de rekenmachine ophoudt.

– En wat dan?

– Dan gaat het verder. Je kunt het alleen niet lezen.

– Maar er komt steeds hetzelfde uit, de ene drie na de andere. Dat is verdraaid glibberig!

– Daar heb je gelijk in.

– Neuh, prevelde Robert. Dat is mij te dom! Dan schrijf ik toch gewoon een derde. Zo:

$$\frac{1}{3}$$

Dan ben ik ervan af.

– Zeker, zei de telduivel. Maar dan moet je met breuken rekenen, en breuken, daar heb je geloof ik een hekel aan. 'Wanneer ⅓ van 33 bakkers in 2½ uur 89 krakelingen bakken, hoeveel krakelingen bakken dan 5¾ bakkers in 1½ uur?'

– Gatsie, nee! Asjeblieft! Dat is typisch Van Balen. Dan maar liever met de rekenmachine en met getallen achter de komma, zelfs al houden ze nooit op. Alleen zou ik wel eens willen weten waar al die drieën vandaan komen.

– Dat gaat zo: de eerste drie achter de komma, dat zijn drie tienden. Daar komt dan de tweede drie bij, die staat voor drie honderdsten en de derde voor drie duizendsten enzovoort. Die kun je dan samen optellen.

$$0,3$$
$$0,03$$
$$0,003$$
$$0,0003$$
$$0,00003$$
$$\cdots$$

Gesnapt? Ja? Probeer dan eens het geheel met drie te vermenigvuldigen, de eerste drie, dus de drie tienden, dan de drie honderdsten enzovoort.

– Geen probleem, zei Robert. Dat kan ik zelfs uit mijn hoofd:

$$0,3 \times 3 = 0,9$$
$$0,03 \times 3 = 0,09$$
$$0,003 \times 3 = 0,009$$
$$0,0003 \times 3 = 0,0009$$

Nou ja, enzovoort.

– Goed. En als je nu die negens allemaal weer optelt, wat gebeurt er dan?

– Ogenblikje! 0,9 plus 0,09 is 0,99; plus 0,009 is 0,999. Steeds meer negens. Dat zal wel weer eeuwig zo doorgaan.

– Zeker. Alleen, als je er goed over nadenkt: daar klopt toch iets niet! Als je drie derden samen optelt, zou er toch 1 uit moeten komen, of niet? Want drie maal een derde is een hele. Daar is geen speld tussen te krijgen. Dus?

– Geen idee, zei Robert. Er ontbreekt iets. 0,999 is wel *bijna* één, maar niet helemaal.

– Dat is het nu net. Daarom moet je altijd maar doorgaan met die negens en mag je nooit ophouden.

– Dat moet je maar kunnen!

– Geen probleem voor een telduivel!

De oude baas lachte boosaardig, stak zijn wandelstok in de hoogte, zwaaide er wat mee rond en in een oogwenk vulde de hele lucht zich met een lange slang van negens die steeds verder omhoog spiraalde.

– Hou op! schreeuwde Robert. Ik word er draaierig van!

– 't Kost mij maar een vingerknipje, en weg zijn ze. Maar dat doe ik pas als je toegeeft dat deze negenslang achter de nul, als die almaar verder en verder groeit, net zoveel is als een één.

Terwijl hij sprak, groeide de slang door. Langzaam verduisterde hij de hemel. Hoewel Robert erg duizelig werd, wilde hij niet toegeven.

– Nooit ofte nimmer, zei hij. Hoe lang je ook

doorgaat met je slang, er blijft altijd iets ontbreken. Namelijk de laatste negen.

– Er bestaat geen laatste negen, schreeuwde de telduivel. Robert kromp nu niet meer in elkaar wanneer de oude een van zijn woedeaanvalletjes kreeg. Hij wist: elke keer als dat gebeurde, ging het om iets interessants, om een vraag die niet zo makkelijk te beantwoorden was.

Maar de eindeloze slang kwispelde onheilspellend dicht bij Roberts neus en hij wond zich ook zo dicht om de telduivel heen, dat er niet veel meer van hem te zien was.

– Nou goed, zei Robert, ik geef het toe. Maar alleen wanneer je ons die van slang bevrijdt.

– Dat klinkt al beter.

Moeizaam tilde de telduivel zijn stok op, die al onder dikke lagen negens schuilging, mompelde iets onbegrijpelijks – en opeens was de wereld weer van het geslingslang verlost.

– Oef, zei Robert. Gaat dat alleen zo met drieën en negens? Of maken de andere getallen ook zulke afschuwelijke slangen?

– Eindeloze slangen zijn er zoveel als zandkorrels op het strand, beste jongen. Schat eens hoeveel er alleen al tussen 0,0 en 1,0 opduiken! Robert dacht diep na. Toen zei hij:

– Eindeloos veel. Verschrikkelijk veel. Evenveel als tussen één en oneindig.

– Niet slecht. Heel goed, zei de telduivel. Maar kun je dat ook bewijzen?

– Tuurlijk kan ik dat.

– Daar ben ik benieuwd naar.

– Ik schrijf gewoon een nul op en een komma, zei Robert. Achter de komma schrijf ik een één: 0,1. Dan een twee. Enzovoort. Als ik zo verderga, dan staan alle getallen die er maar bestaan achter de komma, zelfs nog voor ik bij 0,2 ben aangekomen.

– Alle hele getallen.

– Natuurlijk. Alle hele getallen. Voor elk getal tussen één en gaatnietmeer is er een getal met een nul en een komma ervoor, en allemaal zijn ze kleiner dan één.

– Fabelachtig, Robert. Ik ben trots op je.

Hij was duidelijk heel tevreden. Maar omdat hij het niet laten kon, kwam hij met een nieuw idee.

– Maar sommige van jouw getallen achter de komma gedragen zich heel eigenaardig. Wil je zien hoe?

– Graag! Zolang je maar niet het hele strand vol tovert met die walgelijke slangen.

– Maak je geen zorgen. Je grote rekenmachine kan het ook. Je hoeft alleen maar in te tikken: zeven gedeeld door elf.

Dat liet Robert zich geen twee keer zeggen.

$$7:11 = 0,63636363636363636\cdots$$

– Wat is daar aan de hand, riep hij. Steeds 63,
en weer 63 en nog eens 63. Dat zal wel weer
steeds zo verdergaan.
– Zeker, maar dat is nog helemaal niets. Probeer het eens met zes gedeeld door zeven!
Robert tikte:

$$6:7 = 0,857142857142857\cdots$$

– Na een tijdje komen steeds dezelfde getallen
terug, riep hij. 857 142, en dan weer van voor
af aan. Dat getal draait in een kringetje!
– Tja, het zijn echt fantastische schepsels, getallen. Weet je, eigenlijk bestaan er helemaal
geen gewone getallen. Elk getal heeft zijn eigen
gezicht en zijn eigen geheimen. Je krijgt ze
nooit helemaal door. De negenslang achter de
nul en de komma bijvoorbeeld, die nooit ein-
digt en toch net zoveel is als een simpele één.
Bovendien zijn er nog een heleboel andere, die
zich nog veel grilliger gedragen en achter hun
komma als gekken tekeergaan. Dat zijn de onverstandige getallen. Die heten zo omdat ze
zich niet aan de spelregels houden. Als je nog

een ogenblikje tijd en zin hebt, laat ik je zien hoe die zijn.

Steeds wanneer de telduivel zo verdacht beleefd was, had hij weer een ijselijke nieuwigheid in petto. Dat wist Robert intussen. Maar hij was veel te nieuwsgierig om het nu op te geven.

– Oké, zei hij.

– Je herinnert je nog wel hoe het huppen gaat? Wat we met de tien en met de twee gedaan hebben? Tien maal tien maal tien is duizend, en om het nog sneller te doen:

$$10^3 = 1000$$

En hetzelfde met de twee.

– Zeker. Als ik de twee laat huppen, krijg je:

$$2, 4, 8, 16, 32$$

enzovoort, zoals altijd bij jouw spelletjes: tot in het oneindige.

– Welnu, zei de oude. Twee tot de vierde is?

– Zestien, riep Robert. Dat zei ik toch!

– Vlekkeloos. En nu doen we hetzelfde, alleen omgekeerd. We huppen, om zo te zeggen, achteruit. Ik zeg 16, en jij hupt een keer terug.

– Acht!

– En als ik acht zeg?

– Vier, zei Robert. Dat ligt voor de hand.

– Dan moet je alleen nog onthouden hoe deze truc heet. Men zegt niet: achteruit huppen, men zegt: een radijs trekken. Net als wanneer je een wortel uit de grond trekt.

Dus: de radijs uit honderd is tien, de radijs uit tienduizend is honderd. En wat is de radijs uit vijfentwintig?

– Vijfentwintig, zei Robert, is vijf maal vijf. Dus vijf is de radijs uit vijfentwintig.

– Als dat zo doorgaat, Robert, word je op een dag nog eens mijn toverleerling. De radijs uit vier?

– De radijs uit vier is twee.

– De radijs uit 5929?

– Je bent niet goed snik, schreeuwde Robert. Nu was hij het die zijn zelfbeheersing verloor. Hoe moet ik dat nu uitrekenen? Je hebt toch zelf gezegd dat rekenen iets voor idioten was. Daarmee worden we al op school lastiggevallen, daar hoef ik niet ook nog eens over te dromen.

– Kalm aan, zei de telduivel. Voor zulke probleempjes hebben we toch onze zakjapanner.

– Zakjapanner, die is goed! merkte Robert op. Het ding is zo groot als een sofa.

– In elk geval heeft ie een toets waarop staat:

Je ziet vast meteen wat dat betekent.
– Radijs, riep Robert.
– Juist. Probeer maar eens:

$$\sqrt{5929} =$$

Robert probeerde het en meteen verscheen de oplossing op de rugleuning van de sofa:

$$77$$

– Prachtig. Maar nu komt het! Tik eens in $\sqrt{2}$, en hou je goed vast!
 Robert tikte het in en las:

$$1,4142\ 1356237309504880\ 1688724\cdots$$

– Ontzettend, zei hij. Dat levert totaal niks zinnigs op. Je reinste getallensoep. Daar zie ik niets meer in.
– Niemand ziet daar iets in, beste Robert. Dat is het nu juist. De radijs uit 2 is een onverstandig getal.
– En hoe moet ik weten hoe het verdergaat achter de laatste cijfers? Want ik denk wel dat het steeds maar verdergaat.
– Klopt. Maar daarmee kan ik je helaas niet verder helpen. De volgende cijfers krijg je er

pas uit als je je halfdood rekent, totdat je rekenmachine er de brui aan geeft.
– Waanzinnig, zei Robert. Knettergek. En toch
ziet dit monster er zo simpel uit wanneer je het
anders schrijft:

– Dat is het ook. Met een wandelstok kun je
$\sqrt{2}$ heel makkelijk in het zand schrijven.
Met zijn stok trok hij een paar figuren in het
zand.
– Kijk:

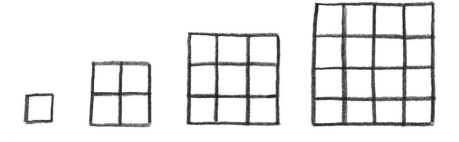

En tel nu eens de kleine hokjes. Valt je iets op?
– Natuurlijk. Dat zijn allemaal gehupte getallen.

79

$$1 \times 1 = 1^2 = 1$$
$$2 \times 2 = 2^2 = 4$$
$$3 \times 3 = 3^2 = 9$$
$$4 \times 4 = 4^2 = 16$$

– Ja, zei de telduivel, en je ziet vast ook hoe het werkt. Je hoeft alleen maar te tellen hoeveel hokjes er aan elke zijde van een vierkant liggen en dan heb je het getal waarmee gehupt wordt. En omgekeerd. Als je weet hoeveel hokjes er in het hele vierkant zitten, zeg bijvoorbeeld 36, en je trekt de radijs uit dit getal, dan kom je weer op het aantal hokjes dat aan één zijde ligt:

$$\sqrt{1} = 1, \ \sqrt{4} = 2, \ \sqrt{9} = 3, \ \sqrt{16} = 4$$

– Oké, zei Robert, maar wat heeft dat met de onverstandige getallen te maken?
– Mmm. Die vierkanten, weet je, daar zit het hem in. Vertrouw nooit een vierkant! Die zien er wel braaf uit, maar ze kunnen heel erg verraderlijk zijn. Kijk bijvoorbeeld hier eens naar!
Hij tekende een heel gewoon leeg vierkant in het zand. Toen trok hij een rode liniaal uit zijn zak en legde die er schuin overheen:

En als nu elke zijde
de lengte één heeft...
– Wat bedoel je met 'één'? Een centimeter of
een meter, of iets anders?
– Dat maakt toch niks uit, zei de telduivel on-
geduldig. Dat mag je zelf weten. Noem het
voor mijn part een quing of een quang, wat je
maar wilt. En nu vraag ik jou: hoe lang is dan
die rode liniaal?
– Hoe moet ik dat weten?
– De radijs uit twee, riep de oude baas triom-
fantelijk. Hij grijnsde duivels.
– Hoe kom je daar nu bij? Robert voelde zich
weer eens overrompeld.
– Mens erger je niet, zei de telduivel. Dat krijgen we zo meteen. We leggen er gewoon nog
een vierkant bij, zo scheef eroverheen.
Hij haalde nog vijf
andere rode linialen
tevoorschijn en legde
ze in het zand.
Nu zag de figuur
er zo uit:

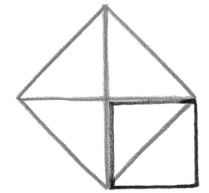

– En raad nu eens, hoe groot het rode vierkant is, dat schuine?

– Geen idee.

– Precies dubbel zo groot als het zwarte. Je hoeft alleen maar de onderste helft van het zwarte te verschuiven in een van de vier driehoeken van het rode, dan zie je waarom:

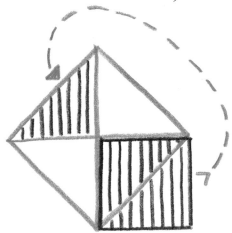

Net zoiets als dat spel dat we altijd speelden toen we klein waren, dacht Robert. Je vouwt een papier dicht, dat je vanbinnen zwart en rood geschilderd hebt. Dat heet Hemel en Hel, en wie het openvouwt en rood krijgt, die komt in de hel.

– Je geeft dus toe dat het rode dubbel zo groot is als het zwarte?

– Dat geef ik toe, zei Robert.

– Goed. Als het zwarte dus een maal één quang groot is, en dat hebben we toch besloten, dan kunnen we dat zo opschrijven: 1^2. Hoe groot moet dan het rode zijn?

– Twee maal 1^2, dus 2, zei Robert.

– Zie je wel! En hoe lang is dan elke zijde van het rode vierkant? Je moet achteruit huppen! De radijs trekken!

– Jajajaja, zei Robert. De schellen vielen hem van de ogen.

– De radijs, riep hij. De radijs uit twee!

– En daar zijn we weer bij ons totaal van lotje getikte, onverstandige getal: 1,414213...

– Asjeblieft niet verder voorzeggen, zei Robert snel, anders word ik ook knettergek.

– Zo'n vaart zal het niet lopen, stelde de telduivel hem gerust. Je hoeft het getal niet uit te rekenen. Je kunt het gewoon in het zand tekenen, dat gaat ook. Maar je moet niet denken dat deze onverstandige getallen maar zelden voorkomen. Integendeel. Daar zijn er oneindig veel van. Onder ons gezegd, ze komen zelfs nog vaker voor dan de andere.

– Volgens mij zijn er van de gewone al oneindig veel. Dat heb je zelf gezegd. Dat beweer je toch voortdurend!

– Is ook waar. Op mijn erewoord! Maar zoals gezegd, van die onverstandige zijn er nog veel, veel meer.

– Meer dan wat? Meer dan oneindig veel?

– Precies.

– Nu ga je te ver, zei Robert zeer beslist. Dat laat ik me niet wijsmaken. Meer dan oneindig bestaat niet. Dat is apekool met mayonaise.

– Moet ik het je bewijzen? vroeg de telduivel. Moet ik ze tevoorschijn toveren? Alle onverstandige getallen tegelijk?

– Neenee! De negenslang was mij al meer dan genoeg. En bovendien: tevoorschijn toveren is helemaal niet hetzelfde als bewijzen.

– Potverdrie! Da's waar! Nu heb je me toch te pakken.

De telduivel leek deze keer niet boos te worden. Hij trok rimpels in zijn voorhoofd en dacht ingespannen na.

– En toch, zei hij eindelijk. Misschien schiet het bewijs me nog te binnen. Ik zou het kunnen proberen. Maar alleen als je erop staat.

– Nee, dank je, voor vandaag heb ik het wel gehad. Ik ben bekaf. Ik moet eens goed slapen, anders krijg ik morgen op school weer narigheid. Ik geloof dat ik maar eens een poosje ga pitten, als je het niet erg vindt. Dat meubel daar ziet er erg lekker uit.

En hij strekte zich uit op de wollige, dichtbehaarde rekenmachine, zo groot als een sofa.

– Mij best, zei de oude baas. Je slaapt toch al. In slaap leer je altijd het best.

Deze keer sloop de telduivel op zijn tenen weg,

omdat hij Robert niet wakker wilde maken. Misschien is hij helemaal niet zo kwaad, dacht Robert nog. Eigenlijk is hij zelfs best aardig.

En zo sliep hij ongestoord en droomloos een gat in de morgen. Hij was helemaal vergeten dat het zaterdag was, en op zaterdag is er geen school.

De vijfde nacht

Plotseling was het voorbij. Vergeefs wachtte Robert op zijn bezoeker uit het Rijk der Getallen. Zoals altijd ging hij 's avonds naar bed en hij droomde ook meestal. Niet van rekenmachines zo groot als een sofa en van huppende getallen, maar van diepe zwarte gaten waar hij struikelend in viel, of van een rommelzolder vol oude koffers waaruit meer dan levensgrote mieren kropen. De deur zat op slot, hij kon er niet uit, en de mieren kropen langs zijn benen omhoog. Een andere keer wilde hij een kolkende rivier oversteken, maar er was geen brug en hij moest van de ene steen op de andere springen. Hij hoopte al dat hij de andere oever zou gaan bereiken, toen hij opeens midden in het water op een steen stond en niet meer voor- of achteruit kon. Niets dan nachtmerries en in de verste verte geen telduivel.

Anders kan ik toch ook altijd zelf kiezen waar ik aan wil denken, piekerde Robert. Alleen in een droom moet je alles voor lief nemen. Waarom eigenlijk?

– Weet je, zei hij op een avond tegen zijn moeder, ik heb een besluit genomen. Vanaf vandaag houd ik gewoon op met dromen.

– Dat is goed, jongen, antwoordde ze. Als je slecht slaapt, kun je de volgende dag op school niet goed opletten en dan kom je met slechte cijfers thuis.

Dat was natuurlijk niet wat Robert dwarszat. Maar hij zei alleen maar welterusten, want hij wist dat je je moeder niet alles kunt uitleggen.

Nauwelijks was hij ingeslapen of daar begon het weer. Hij zwierf door een uitgestrekte woestijn, waar geen schaduw en geen water was. Hij had alleen een zwembroek aan. Hij liep en liep, had dorst en zweette, en hij had al blaren aan zijn voeten, toen hij eindelijk in de verte een paar bomen zag.

Dat moet een fata morgana zijn, dacht hij, of een oase.

Hij strompelde verder tot hij de eerste palmen bereikt had. Opeens hoorde hij een stem die hem bekend voorkwam.

– Hallo, Robert!

Hij keek naar boven. Juist! Boven in de palm zat de telduivel en wipte met de bladeren.

– Ik heb een verschrikkelijke dorst, riep Robert.

– Kom naar boven, riep de telduivel.

Met zijn laatste krachten klom Robert naar zijn vriend. Die hield een kokosnoot in zijn hand, trok zijn zakmes en boorde een gat in de noot.

Het nat van de kokosnoot smaakte heerlijk.

– Lang niet gezien, zei Robert. Waar zat je toch de hele tijd?

– Dat zie je toch, ik houd vakantie.

– En wat gaan we vandaag doen?

– Je zult wel uitgeput zijn van je wandeling door de woestijn.

– Valt wel mee, zei Robert. Het gaat alweer beter. Wat is er? Schiet je niks meer te binnen?

– Mij schiet altijd wat te binnen, antwoordde de ander.

– Getallen, altijd maar getallen.

– Wat anders? Iets opwindenders bestaat helemaal niet. Hier, pak aan.

Hij drukte Robert de lege kokosnoot in de hand.

– Gooi hem naar beneden.

– Waarheen?

– Gewoon naar beneden.

Robert gooide de noot in het zand. Van bovenaf leek hij zo klein als een puntje.

– Nog een. En dan nog een. En dan nog een, beval de telduivel.

– En wat moet dat?

– Zul je wel zien.
Robert plukte drie verse kokosnoten en gooide
ze op de grond. Dit was wat hij in het zand
zag:

Doorgaan! riep de ander.
Robert gooide en gooide en gooide.
– Wat zie je nu?
– Allemaal driehoeken, zei Robert.

– Zal ik je helpen? vroeg de telduivel.
En zo plukten en gooiden ze maar door tot
het er beneden heel driehoekig uitzag, namelijk zo:

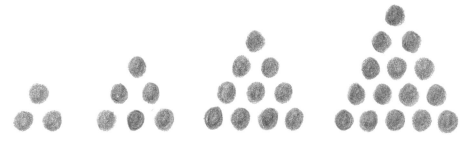

– Gek dat die noten zo ordelijk naar beneden vallen. Robert verwonderde zich. Ik heb toch helemaal niet gemikt, en zelfs als ik het had gewild – zo goed kan ik helemaal niet gooien.

– Ja, zei de oude, en glimlachte, zo precies mikken kun je alleen maar in dromen – en in de wiskunde. In het gewone leven lukt er nooit iets, maar in de wiskunde lukt alles. Het zou trouwens ook zonder kokosnoten gekund hebben. We hadden evengoed met tennisballen kunnen gooien of met knopen of met roomsoezen. Tel nu eens hoeveel noten die driehoeken daar beneden bevatten.

– De eerste driehoek is helemaal geen driehoek. Dat is een punt.

– Of een driehoek die steeds kleiner is geworden, tot hij zo klein werd dat je alleen nog een punt ziet. Dus?

– Dus zijn we weer eens bij de één, zei Robert. De tweede driehoek bestaat uit drie noten, de derde uit zes, de vierde uit tien en de vijfde – ik weet niet, die zou ik eerst moeten tellen.

– Hoeft niet. Kun je zelf bedenken.

– Dat kan ik niet, zei Robert.

– Dat kun je wel, beweerde de telduivel. Namelijk zo: de eerste driehoek, die helemaal geen echte driehoek is, bestaat uit één noot. De tweede heeft twee noten meer – dat zijn de twee onderste, dus:

$$1 + 2 = 3$$

De derde heeft er precies drie meer – de onderste rij, dus:

$$3 + 3 = 6$$

De vierde heeft een rij met vier noten extra, dus:

$$6 + 4 = 10$$

En hoeveel heeft de vijfde er dan?
Robert kreeg het alweer goed door. Hij riep:

$$10 + 5 = 15$$

– We hoeven helemaal geen noten meer te gooien, zei hij. Ik weet hoe het verdergaat. De eerstvolgende driehoek zou dan 21 noten hebben: de vijftien van driehoek nummer vijf en daarbij zes nieuwe, dat zijn er eenentwintig.
– Goed, zei de telduivel. Dan kunnen we nu naar beneden klimmen en het ons naar de zin maken.

Het klimmen ging verbluffend makkelijk, en toen ze beneden kwamen, geloofde Robert zijn ogen niet. Daar stonden twee ligstoelen, er klaterde een bron en op een tafeltje naast het grote zwembad stonden twee glazen met ijsgekoeld sinaasappelsap klaar. Geen wonder dat die ouwe deze oase had uitgezocht, dacht Robert. Hier kun je een droomvakantie doorbrengen.

Toen ze allebei hun glas ophadden, zei de oude baas:

– Goed, de kokosnoten kunnen we vergeten. Op de getallen komt het aan. Dit zijn getallen van een heel bijzondere kwaliteit, ze worden driehoekige getallen genoemd. Daar zijn er meer van dan je denkt.

– Dacht ik al, zei Robert. Bij jou gaat alles altijd tot in het oneindige.

– Ach, weet je, zei de oude, voor dit moment kunnen we volstaan met de eerste tien. Wacht, ik schrijf ze voor je op.

Hij stond op uit zijn ligstoel, nam de wandelstok in zijn hand, boog zich over de rand van het zwembad en begon op het water te schrijven:

1 3 6 10 15 21 28 36 45 55 . . .

Die schrikt echt nergens voor terug, dacht Robert bij zichzelf. Of het nu lucht is of zand, alles schrijft die ouwe vol met zijn getallen. Zelfs het water is niet veilig voor zijn wandelstok.

– Je zult niet geloven wat je allemaal met die driehoekige getallen doen kunt, fluisterde de telduivel hem in het oor. Zomaar een voorbeeld: denk eens na over het verschil!

– Het verschil tussen wat? vroeg Robert.

– Tussen twee opeenvolgende driehoekige getallen.

Robert keek naar de getallen die op het water dreven en dacht na.

1 3 6 10 15 21 28 36 45 55 . . .

– Drie min een is twee. Zes min drie is drie. Tien min zes is vier. Daar komen alle getallen van een tot tien uit, de een na de ander. Te gek! En waarschijnlijk gaat dat steeds zo door.

– Zo is het precies, zei de telduivel en leunde tevreden achterover. En denk niet dat dat alles is! Noem mij een willekeurig getal en ik bewijs je dat ik dat uit hoogstens drie driehoeksgetal-

97

len in elkaar kan knutselen.
– Goed, zei Robert, 51.
– Dat is makkelijk, daar heb ik er zelfs maar
twee voor nodig:

$$51 = 15 + 36$$

– 83!
– Graag gedaan:

$$83 = 10 + 28 + 45$$

– 12!
– Heel simpel:

$$12 = 1 + 1 + 10$$

Je ziet: het gaat *altijd*. En nu nóg iets, dat is
echt geweldig, beste Robert. Tel eens twee opeenvolgende driehoeksgetallen op, daar zul je
nog raar van opkijken.
Robert keek wat preciezer naar de drijvende
getallen:

$$1 \quad 3 \quad 6 \quad 10 \quad 15 \quad 21 \quad 28 \quad 36 \quad 45 \quad 55 \cdots$$

Hij telde er steeds twee bij elkaar op:

$$1 + 3 = 4$$
$$3 + 6 = 9$$
$$6 + 10 = 16$$
$$10 + 15 = 25$$

– Dat zijn verdorie allemaal gehupte getallen: $2^2, 3^2, 4^2, 5^2$!

– Niet slecht, hè? zei de oude. Je kunt er zo lang mee doorgaan als je wilt.

– Mooi niet, zei Robert. Ik ga liever zwemmen.

– Maar eerst laat ik je nog een ander circus-nummer zien, als je 't niet erg vindt.

– Ik heb het al zo warm, morde Robert.

– Goed. Dan niet. Dan kan ik wel opstappen, zei de telduivel.

Nu is hij weer beledigd, dacht Robert. Als ik hem laat gaan, krijg ik waarschijnlijk weer dro-men van weet-ik-wat-voor rode mieren. Daar-om zei hij:

– Nee, blijf hier.

– Ben je nieuwsgierig?

– Natuurlijk ben ik nieuwsgierig.

– Opgelet dan. Als je alle gewone getallen van

99

een tot twaalf bij elkaar optelt, wat komt er
dan uit?
– Oef, zei Robert. Wat een saaie rekensom! Dat
is niks voor jou. Die zou van meneer Van Balen kunnen zijn.
– Maak je geen zorgen. Met de driehoekige getallen gaat het spelenderwijs. Je zoekt het twaalfde getal van de reeks op, dan heb je de som van
alle getallen van één tot twaalf.
Robert keek op het water en telde:

1 3 6 10 15 21 28 36 45 55 66 78 . . .

– Achtenzeventig, zei hij.
– Klopt.
– Maar hoe komt dat?
De telduivel nam zijn stok ter hand en schreef
op het water:

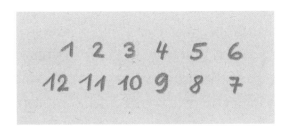

– Je hoeft de getallen van een tot twaalf alleen
maar onder elkaar te schrijven, de eerst zes van
links naar rechts, de tweede zes van rechts naar
links, dan zie je waarom:

Nu een streep
eronder:

$$\begin{array}{cccccc} 1 & 2 & 3 & 4 & 5 & 6 \\ 12 & 11 & 10 & 9 & 8 & 7 \\ \hline 13 & 13 & 13 & 13 & 13 & 13 \end{array}$$

Dan optellen:

Dat is?

– Zes keer dertien, zei Robert.

– Daar heb je hoop ik geen zakjapanner voor nodig.

– Zes keer dertien, zei Robert, is achtenzeventig. Het twaalfde driehoekige getal. Klopt precies!

– Zo zie je waar die driehoekige getallen allemaal goed voor zijn. De vierhoekige getallen zijn trouwens ook niet slecht.

– Ik dacht dat we gingen zwemmen.

– Zwemmen kunnen we later. Eerst de vierhoekige getallen.

Robert wierp een smachtende blik op het zwembad waarin de driehoekige getallen keurig op een rijtje dreven als jonge eendjes achter de moedereend.

– Als je zo doorgaat, dreigde hij, word ik gewoon wakker en dan zijn alle getallen weg.

– Maar het zwembad ook, zei de ander. Bovendien weet je heel goed dat je niet gewoon kunt ophouden met dromen wanneer je wilt. En trouwens, wie is hier de baas? Jij of ik?

Nu windt hij zich alweer op, dacht Robert. Misschien begint hij dadelijk ook weer te schreeuwen. Alleen in de droom natuurlijk. Maar ik wil niet dat er tegen me geschreeuwd wordt, zelfs niet in een droom. De duivel mag weten wat hij nu weer voor nieuws heeft bedacht.

De telduivel nam een paar ijsblokjes uit de koeler en legde ze op de tafel.

– Zo erg is het toch niet, troostte hij Robert. Precies hetzelfde als met de kokosnoten, alleen zijn het deze keer geen driehoeken, maar vierkanten:

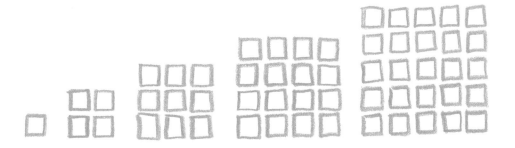

– Tot je dienst, zei Robert, je hoeft me helemaal niets uit te leggen. Wat hier aan de hand is, ziet zelfs een blinde. Dat zijn doodgewoon allemaal gehupte getallen. Ik tel hoeveel blokjes er aan elke zijde van het vierkant liggen en dit getal laat ik huppen:

$$1 \times 1 = 1^2 = 1$$
$$2 \times 2 = 2^2 = 4$$
$$3 \times 3 = 3^2 = 9$$
$$4 \times 4 = 4^2 = 16$$
$$5 \times 5 = 5^2 = 25$$

– Nou ja, enzovoort, zoals gewoonlijk.

– Heel goed, zei de telduivel. Verduveld goed.
Jij bent een eersteklas tovenaarsleerling, jongen, dat moet ik je nageven.

– Maar ik wil zwemmen, mokte Robert.

*Wie het niet te warm heeft, kan nog een
beetje verder spelen met de ijsblokjes, voor ze
gesmolten zijn.
Je hoeft maar een paar
lijnen door het vierkant
te trekken, zo:*

1 3 5 7 9

*en daaronder schrijf je:
Zoveel blokjes liggen er in elke hoek die je in
het vierkant hebt getekend. Als je dan de getallen van 1 tot 9 bij elkaar optelt, wat komt
er dan uit? Een getal dat je bekend zal voorkomen!*

– Misschien wil je nu nog uitvissen hoe de vijfhoekige getallen werken? Of de zeshoekige?

– Nee, dank je, echt niet, zei Robert.

Hij stond op en sprong in het water.

– Wacht toch even, riep de telduivel. Het hele bad ligt vol getallen. Wacht even, ik vis ze eruit.

Maar Robert zwom al. De getallen wipten om hem heen op de golfjes, allemaal driehoekige getallen, en hij zwom tot hij niet meer horen kon wat de oude hem nariep, steeds verder en verder. Het was namelijk een eindeloos groot zwembad, zo eindeloos als de getallen en net zo fantastisch.

De zesde nacht

– Jij denkt zeker dat ik de enige ben, zei de telduivel toen hij de volgende keer opdook. Deze keer zat hij op een klapstoel midden in een eindeloos groot aardappelveld.

– De enige wat? vroeg Robert.

– De enige telduivel. Maar dat is niet zo. Ik ben maar een van de vele. Waar ik vandaan kom, uit het getallenparadijs, daar zijn er massa's zoals ik. Helaas ben ik niet de grootste. De echte chefs zitten in hun kamers en denken na. Af en toe lacht er een en zegt zoiets als: 'R_n is gelijk h_n gedeeld door n faculteit maal f van n haakje op a plus theta haakje sluiten', en dan knikken de anderen begrijpend en lachen mee. Soms begrijp ik helemaal niet waarover het eigenlijk gaat.

– Maar voor zo'n arme duivel ben je toch behoorlijk zelfverzekerd, wierp Robert tegen. Moet ik nu soms medelijden met je hebben?

– Waarom denk je dat ze me 's nachts op pad sturen? Omdat de heren daarboven wel wat belangrijkers te doen hebben dan leerlingen als jij te bezoeken, beste Robert.

– Ik mag nog van geluk spreken dat ik tenminste van jou droom.

– Begrijp me niet verkeerd, zei Roberts vriend – want intussen waren ze bijna vrienden geworden –, het is echt niet mis wat de heren daarboven uitbroeden. Een van hen, die ik erg graag mag, is Bonatsji. Die legt mij soms uit wat hij allemaal heeft uitgevonden. Een Italiaan. Hij is allang dood, maar dat speelt bij een telduivel geen rol. Een sympathieke vent, de oude Bonatsji. Hij was trouwens een van de eersten die de nul begrepen. Die heeft hij niet uitgevonden, maar hij kwam wel op het idee van de Bonatsji-getallen. Schitterend! Zoals de meeste goede ideeën begint zijn uitvinding met de één – je weet wel. Preciezer gezegd: met twee enen: 1 + 1 = 2.

Daarvan neemt hij nu de laatste twee getallen en telt die op,

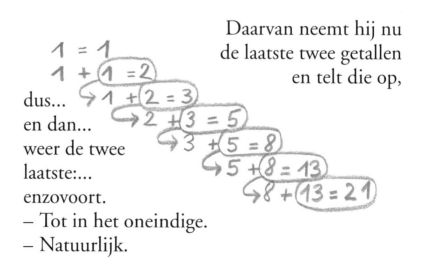

dus...
en dan...
weer de twee
laatste:...
enzovoort.

– Tot in het oneindige.

– Natuurlijk.

108

Nu begon de telduivel op zijn klapstoeltje de Bonatsji-getallen op te dreunen, hij verviel zelfs in een soort gezang, je reinste Bonatsji-opera:

– Eeneentweedrievijfachtdertieneenentwintig-vierendertigvijfenvijftignegenentachtighonderd vierenveertigtweehonderddrieëndertigdriehon-derdzevenenzeventig...

Robert stopte zijn oren dicht.

– Ik hou al op, zei de telduivel. Misschien is het beter als ik ze voor je opschrijf, zodat je ze onthouden kunt.

– Maar waarop?

– Waarop je wilt. Op een rol misschien?

Hij schroefde het eind van zijn wandelstok open en trok er een dunne rol papier uit. Die gooide hij op de grond en gaf er een duw te-gen. Onbegrijpelijk, zoveel papier als er in de wandelstok had gezeten! Een eindeloze slang, die steeds verder afrolde en langs de voor in de akker almaar verder liep, tot hij in de verte ver-dween. En natuurlijk stond op de rol de hele Bonatsji-reeks, genummerd en wel:

1.	2.	3.	4.	5.	6.	7.	8.	9.	10.	11.	12.	13.
1	1	2	3	5	8	13	21	34	55	89	144	233

De hogere getallen waren zo ver weg en zo klein dat Robert ze niet meer kon lezen.
– Ja, en? vroeg Robert.
– Als je de eerste vijf optelt en er één bij doet, komt het zevende getal eruit. Als je de eerste zes optelt en je doet er één bij, komt het achtste getal eruit. Enzovoort.
– Jaja, zei Robert. Hij leek niet bijzonder enthousiast.
– Maar het werkt ook als je steeds een Bonatsji-getal overslaat, alleen de eerste één moet er altijd bij zijn, zei de telduivel.

Kijk:

$$1 + 1 = 2$$

(en nu sla je er een over) $$+ 3$$

(en nu sla je er weer een over) $$+ 8$$

(en nu sla je er nog een over) $$+ 21$$

Deze vier tel je bij elkaar op, en wat komt eruit?
– Vierendertig, zei Robert.
– Dus het volgende Bonatsji-getal na 21. Als dat je te moeizaam gaat: het kan ook met huppen. Je neemt bijvoorbeeld het Bonatsji-getal nummer vier en laat het huppen. Het vierde is drie, en 3^2 is?

– Negen, zei Robert.
– Dan neem je het volgende Bonatsji-getal, dus het vijfde, en laat het weer huppen.
– $5^2 = 25$, zei Robert zonder aarzelen.
– Goed, en nu tel je die twee op.

$$9 + 25 = 34$$

– Alweer een Bonatsji, riep Robert uit.
– En wel, omdat vier plus vijf negen is, het negende, zei de ander en wreef zich in de handen.
– Ik snap het. Dat is allemaal goed en wel, maar zeg me nu eens waar dat allemaal toe dient.
– O, zei de telduivel, denk maar niet dat wiskunde alleen iets voor wiskundigen is. Ook de natuur kan niet zonder getallen. Zelfs bomen en mossels kunnen rekenen.
– Onzin, zei Robert, maak dat de kat wijs!
– Zelfs katten, neem ik aan. Alle dieren. Ze gedragen zich tenminste alsof ze de Bonatsji-getallen in hun kop hebben. Misschien hebben ze wel begrepen hoe die getallen werken.
– Dat geloof ik niet.
– Of hazen. Laten we liever hazen nemen, die zijn levendiger dan mosselen. Hier op het aardappelveld moeten toch hazen zitten!
– Ik zie er geen, zei Robert.

111

– Daar heb je er twee!

En inderdaad, daar kwamen twee piepkleine witte hazen aangehuppeld die aan Roberts voeten gingen zitten.

– Ik geloof, zei de telduivel, dat het een mannetje en een vrouwtje zijn. We hebben dus *één* paar. Zoals je weet, begint alles met één.

– Hij wil me wijsmaken dat jullie kunnen rekenen, zei Robert tegen de hazen. Dat gaat te ver! Ik geloof er geen woord van.

– Ach, Robert, wat weet jij nu van hazen, zeiden de twee hazen als uit één mond. Daar heb je toch geen idee van! Waarschijnlijk denk jij dat we sneeuwhazen zijn.

– Sneeuwhazen, antwoordde Robert, die wilde laten zien dat hij niet zó onnozel was, sneeuwhazen zijn er alleen 's winters.

– Precies. Maar wij zijn alleen maar wit zolang we jong zijn. Het duurt één maand tot we volwassen zijn. Dan wordt onze vacht bruin en willen we kindertjes hebben. Tot die geboren worden, een jongetje en een meisje, duurt het nog eens een maand. Onthoud dat maar.

– Willen jullie er maar twee hebben? zei Robert. Ik dacht altijd dat hazen ontzettend veel jongen kregen.

– Natuurlijk krijgen wij ontzettend veel kinderen, zeiden de hazen, maar niet in een keer. Elke

112

maand twee, dat is voldoende. En onze kinderen doen het precies zo. Dat zul je wel zien.
– Ik denk niet dat wij hier zo lang blijven. Als
jullie zo ver zijn, ben ik allang weer wakker. Ik
moet morgenvroeg immers naar school.
– Geen probleem, kwam de telduivel ertussen.
Hier op het aardappelveld gaat de tijd veel sneller dan je denkt. Een maand duurt maar vijf
minuten. Ik heb een hazenhorloge voor je meegebracht, anders geloof je het niet. Asjeblieft!
Met deze woorden trok hij een opmerkelijk
groot zakhorloge tevoorschijn. Het had twee
hazenoren, en maar één wijzer:

– Het wijst geen uren aan, maar maanden. Elke keer wanneer er een maand voorbij is, rinkelt de wekker. Als ik op het bovenste knopje druk, begint het te lopen. Zal ik?
– Ja, riepen de hazen.
– Goed.
De telduivel drukte in, het horloge tikte, de wijzer begon te bewegen. Toen hij bij de één was, rinkelde het. Een maand was voorbij, de hazen waren veel groter geworden en hun vacht was al van kleur veranderd – ze waren niet meer wit, ze waren bruin geworden.

Toen de wijzer op de twee stond, waren er twee maanden voorbij, en het hazenvrouwtje bracht twee piepkleine witte haasjes ter wereld.
Nu waren er twee hazenpaartjes, het jonge en het oude. Maar ze waren nog lang niet tevreden. Ze wilden nog meer kinderen hebben en

toen de wijzer de drie had bereikt, rinkelde het alweer en bracht het oude hazenvrouwtje de volgende twee hazen ter wereld.

Robert telde de hazenpaartjes. Er waren er nu drie, en wel het allereerste paar (bruin), de kinderen uit de eerste worp, die intussen ook volwassen (en bruin) waren, en de jongsten met hun witte vacht.

Toen de wijzer op de vier aankwam, gebeurde het volgende: het oude hazenvrouwtje bracht het volgende paartje ter wereld, hun allereerste kinderen eveneens, en hun tweede kinderpaar was volwassen geworden. Zo waren er nu vijf paren die op de akker rondhuppelden, namelijk een ouderpaar, drie kinderpaartjes, en een kleinkinderpaar. Drie paren waren bruin en twee waren wit.

– Als ik jou was, zei de telduivel, zou ik helemaal niet meer proberen ze allemaal uit elkaar

te houden. Je hebt al genoeg te doen als je ze
telt.

Toen het horloge bij de vijf was aangeland, kwam

Robert nog heel goed mee. Er waren nu acht hazenpaartjes. Toen het voor de zesde maal rinkelde, waren het er al dertien – wat een ongelofelijk
gewemel, dacht Robert, waar moet dat eindigen?

Zelfs bij de zevende keer kreeg hij het nog voor
elkaar ze te tellen: precies 21 paartjes.

– Valt je iets op, Robert? vroeg de telduivel.
– Natuurlijk, antwoordde Robert. Dat zijn allemaal Bonatsji-getallen:

1, 1, 2, 3, 5, 8, 13, 21 ...

Maar terwijl hij dat zei waren er al weer hele drommen witte hazen bij gekomen. Ze dartelden tussen de vele bruine en witte die op de akker ronddansten. Het lukte hem niet meer ze allemaal in het oog te houden en te tellen. Het hazenhorloge liep onverbiddelijk door. De wijzer was allang aan zijn tweede ronde begonnen.

– Help! schreeuwde Robert. Er komt geen einde aan. Duizenden hazen! Ontzettend!

– Om je te laten zien hoe het werkt, heb ik een hazenlijst voor je meegebracht. Daarop kun je aflezen wat er tussen nul en zeven uur is gebeurd.

– Zeven uur is allang voorbij, riep Robert. Er zijn er nu al meer dan duizend.

– Het zijn er precies 4181, en zo dadelijk, dat wil zeggen over vijf minuten, zullen het er 6765 zijn.

– Wil je ze zo verder laten gaan, tot de hele wereld onder de hazen zit? vroeg Robert.

– O, dat zou helemaal niet zo lang duren, zei de telduivel zonder een spier te vertrekken. Een paar keer de klok rond en het is zover.

– Alsjeblieft niet! smeekte Robert. Het is een nachtmerrie! Weet je, ik heb niets tegen hazen, ik mag ze zelfs wel, maar te veel is te veel. Je moet ze stoppen.

– Natuurlijk, Robert. Maar alleen als je toegeeft

HAZEN-HORLOGE	OUDERS	KINDEREN	KLEINKINDEREN	ACHTERKLEINKINDEREN	BONATSJI-PAREN
					1
					1
					2
					3
					5
					8
					13
					21

dat de hazen zich precies gedragen alsof ze de
Bonatsji-getallen uit hun hoofd kenden.

– Ja, goed, in hemelsnaam, ik geef het toe.
Maar doe het nu snel, anders krabbelen ze zo
dadelijk op ons hoofd rond.

De telduivel drukte tweemaal op het knopje
bovenop het hazenhorloge en het begon meteen achteruit te lopen. Elke keer dat het rinkelde, nam het aantal hazen af en na een paar
rondjes stond de wijzer weer op nul. Twee hazen stonden op het lege aardappelveld.

– Wat doen we met die twee? vroeg de oude
baas. Wil je ze houden?

– Liever niet. Anders beginnen ze weer van voren af aan.

– Ja, zo gaat het nu eenmaal met de natuur, zei
de telduivel en hij wiebelde genoeglijk op zijn
klapstoel.

– Zo gaat het nu eenmaal met Bonatsji, kaatste
Robert terug. Met jouw getallen gaat alles altijd meteen tot in het oneindige. Ik weet niet
of ik dat wel zo leuk vind.

– Zoals je hebt gezien, gaat het omgekeerd precies zo. We zijn weer aangeland waar we begonnen zijn, bij de één.

En zo gingen ze in vrede uit elkaar en bekom-
merden zich er niet om hoe het met het laatste
hazenpaar ging. De telduivel ging naar Bonat-

sji, zijn oude bekende in het getallenparadijs, en naar de anderen die daar steeds nieuwe duivelskunsten uitdachten. Robert sliep verder, zonder te dromen, tot de wekker afliep. Hij was blij dat het een heel gewone wekker was en geen hazenhorloge.

Wie nog altijd niet geloven wil dat het ook in de natuur gaat alsof die kon rekenen, moet de volgende boom maar eens goed bekijken. Voor sommigen was dat geval met al die hazen misschien te ingewikkeld. Bij een boom huppelt er niets door elkaar, die staat stil en daarom kun je zijn takken makkelijker tellen.
Begin maar beneden, bij de rode streep nr 1. Die gaat maar door één stam, net als rode streep nr 2. Nog een hoger, bij streep nr 3, komt er een tweede tak bij. Tel nu maar verder. Hoeveel takken zijn er helemaal bovenaan, bij de rode streep nr 9?

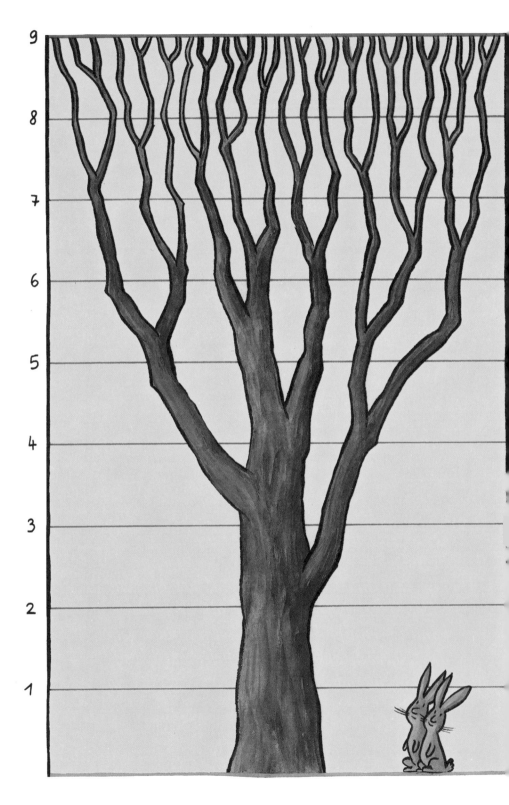

De zevende nacht

– Ik maak me zorgen, zei Roberts moeder. Ik weet werkelijk niet wat er met die jongen aan de hand is. Vroeger was hij altijd op het pleintje of in het stadspark aan het voetballen met Albert, Charlie, Enzio en de anderen. En nu zit hij de hele dag binnen. In plaats van zijn huiswerk te maken heeft hij een groot vel papier voor zich en hij tekent alleen maar hazen.

– Stil nou, zei Robert. Je maakt me in de war. Ik moet me concentreren.

– En dan prevelt hij de hele tijd getallen, getallen en nog eens getallen. Dat is toch niet normaal.

Ze praatte tegen zichzelf, alsof Robert helemaal niet in de kamer was.

– Vroeger interesseerde hij zich nooit voor getallen. Integendeel, hij schold altijd op die leraar met zijn vreselijke sommen. Ga toch eindelijk eens naar buiten, een frisse neus halen, riep ze ten slotte.

Robert keek op van zijn papier en zei:

– Je hebt gelijk. Als ik doorga met hazen tellen, krijg ik hoofdpijn.

En Robert ging het huis uit. In het stadspark was er een groot grasveld waarop niet één haas rondliep.

– Hallo Robert! riep Albert toen hij Robert aan zag komen. Speel je mee?

Enzio, Gerard, Ivan en Karel waren er ook. Ze voetbalden, maar Robert had geen zin. Die hebben geen idee hoe bomen groeien, dacht hij.

Toen hij weer thuiskwam, was het al behoorlijk laat. Meteen na het avondeten ging Robert naar bed. Uit voorzorg stak hij een dikke viltstift in de zak van zijn pyjama.

– Sinds wanneer ga jij zo vroeg naar bed? vroeg zijn moeder verwonderd. Vroeger wilde je altijd zo lang mogelijk opblijven.

Maar Robert wist precies wat hij wilde, en hij wist ook waarom hij zijn moeder er niets over vertelde. Die zou hem immers toch niet geloofd hebben als hij had uitgelegd dat hazen, bomen en mosselen konden rekenen en dat hij bevriend was met een telduivel.

Nauwelijks was hij in slaap gevallen, of de oude baas was er ook weer.

– Vandaag laat ik je iets heel fantastisch zien, zei hij.

– Als het maar niet weer hazen zijn. De hele dag heb ik erover zitten piekeren. En steeds gooi ik de witte en de bruine door elkaar.

– Vergeet het maar! Kom mee.

Hij bracht Robert naar een wit, kubusvormig huis. Ook binnen was alles wit geschilderd, zelfs de trap en de deuren. Ze kwamen in een grote, kale, sneeuwwitte kamer.

– Hier kun je niet eens zitten, beklaagde Robert zich. En wat zijn dat voor straatstenen?

Hij liep naar de hoge berg die in de hoek lag en bekeek de stenen nauwkeuriger.

– Ziet eruit als glas of plastic, stelde hij vast. Allemaal grote kubussen. Er binnenin glinstert iets. Dat moeten elektrische draden zijn, of iets dergelijks.

– Elektronica, zei de oude. Als je zin hebt, bouwen we een piramide.

Hij pakte de eerste paar kubussen en legde ze in een rij op de witte vloer.

– Ga je gang, Robert.

Ze bouwden verder, tot de rij er zo uitzag:

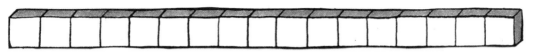

– Stop! riep de telduivel. Hoeveel kubussen hebben we nu?

Robert telde.

– Zeventien. Maar dat is een lelijk getal, zei hij.
– Niet zo lelijk als je denkt. Je hoeft er maar één van af te trekken.
– Dat maakt zestien. Alweer een gehupt getal. Een vier keer gehupte twee. 2^4.
– Kijk eens aan, zei de ander. Jij hebt ook alles in de gaten. Maar nu bouwen we verder. De volgende steen komt steeds op de kier tussen de twee onderste, precies zoals metselaars dat doen.
– Oké, zei Robert. Maar een piramide wordt dat nooit. Piramiden zijn van onder driehoekig of vierhoekig, dit ding hier is plat. Dat wordt geen piramide, dat wordt een driehoek.
– Goed, zei de telduivel, dan bouwen we een driehoek. En ze gingen door tot ze klaar waren:

– Klaar! riep Robert

– Klaar? Nu begint het pas echt.

De telduivel klom langs een van de zijden van de driehoek omhoog en schreef op de bovenste kubus een 1.

– Zoals altijd, mompelde Robert. Jij met je één!

– Jazeker, antwoordde de ander. Alles begint met de één, dat weet je toch.

– Maar hoe gaat het verder?

– Dat zul je zo zien. Op elke volgende kubus schrijven we wat eruit komt als we optellen wat erboven staat.

– Koud kunstje, zei Robert. Hij trok de dikke viltstift uit zijn zak en schreef:

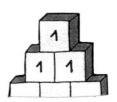

– Niks als enen, zei hij. Zo ver kom ik zonder zakjapanner ook wel.

– Zo dadelijk wordt het wel meer. Ga maar verder, riep de telduivel, en Robert schreef:

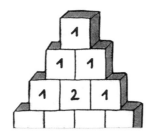

– Kinderspel, zei hij.
– Niet zo overmoedig, vriend. Wacht maar af.
Robert rekende en schreef:

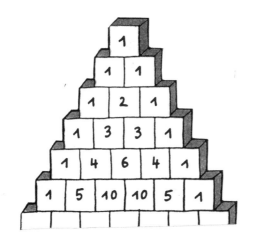

– Ik zie het al: de getallen langs de rand zijn alleen maar enen, hoe ver je ook naar onder gaat. En die daarnaast, in de schuine rij, kan ik ook meteen opschrijven, dat zijn gewoon de normale getallen: 1, 2, 3, 4, 5, 6, 7...

Hij ging langs de driehoek op en neer en schreef:

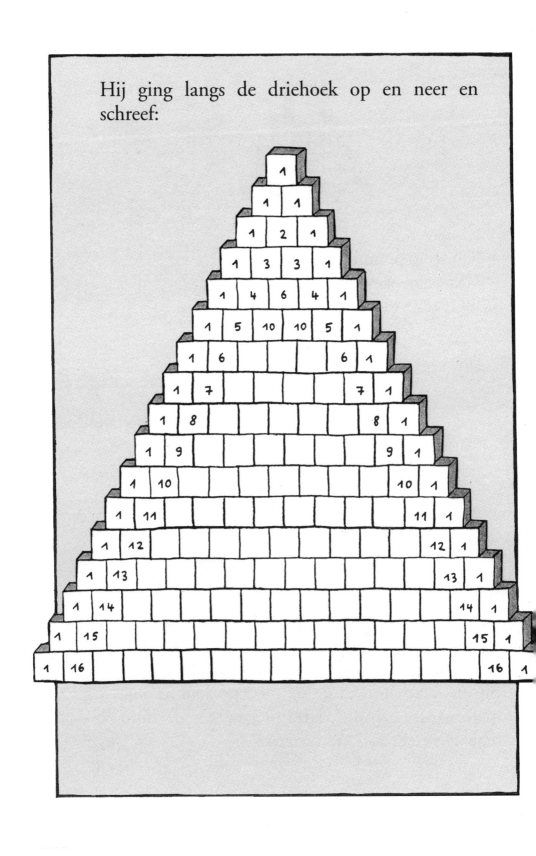

– En hoe zit het met de volgende schuine rij, die pal naast die van 1, 2, 3, 4, 5, 6, 7... ligt? Lees de eerste vier getallen eens. De telduivel liet zijn sluwe glimlach weer eens zien, en Robert las van rechtsboven naar linksonder:

– 1, 3, 6, 10... Die komen me op de een of andere manier bekend voor.

– Kokosnoten, kokosnoten, riep zijn vriend.

– O ja, nu weet ik het weer. 1, 3, 6, 10 – dat zijn de driehoekige getallen.

– En hoe maak je die?

– Dat ben ik jammer genoeg vergeten, zei Robert.

– Heel eenvoudig:

$$1 + 2 = 3$$
$$3 + 3 = 6$$
$$6 + 4 = 10$$
$$10 + 5 = 15$$

– ... 15 + 6 = 21, ging Robert verder.

– Zie je wel!

Op deze manier schreef Robert steeds meer getallen op de kubussen. Dat werd steeds makkelijker omdat hij niet meer zo ver naar boven hoefde, maar die dekselse getallen werden wel steeds groter.

– Neu, zei hij. Je kunt toch echt niet van me verlangen dat ik die allemaal uit mijn hoofd uitreken.

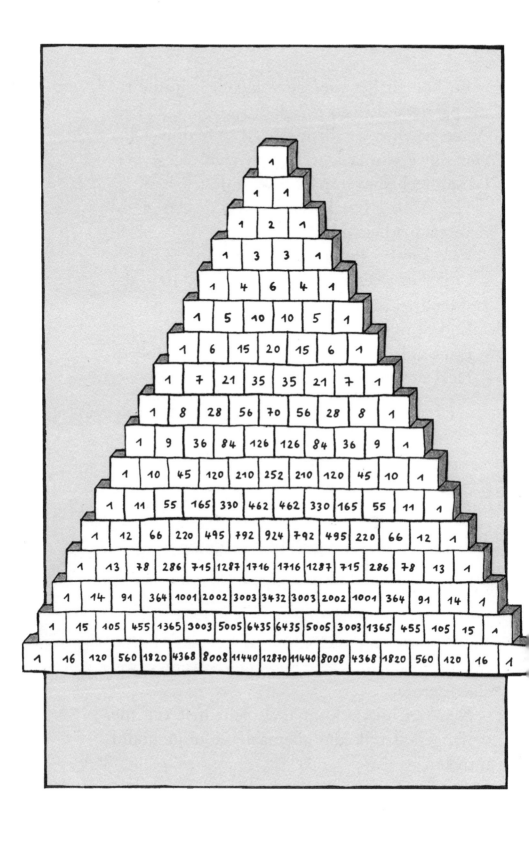

– Zoals je wilt, zei de oude. Maak je niet druk. Het moet toch wel heel raar lopen als ik dat niet in een ommezien klaarspeel!
In een waanzinnig tempo had hij de hele driehoek volgeschreven.
– Het wordt wel heel erg krap daar beneden, zei Robert. 12870! Niet te geloven!
– O, dat zijn kleinigheden. Er zit nog veel meer in deze driehoek verborgen.

Dat kun je wel zeggen! Je denkt misschien dat die driehoek alleen maar goed is om er je hoofd over te breken. Mis! Het zit precies andersom. Het is iets voor luie mensen die niet graag ellenlange berekeningen maken. Als je bijvoorbeeld wilt weten wat eruit komt als je de eerste twaalf driehoekige getallen optelt, hoef je alleen maar de derde schuine rij rechts naar beneden te nemen, die begint met 1,3,6,10. Je telt met je vinger tot de twaalfde kubus in deze rij. Dan zoek je het getal dat er direct links onder staat. Welk is dat?

Op deze manier heb je jezelf bespaard uit te rekenen hoeveel 1 + 3 + 6 + 10 + 15 + 21 + 28 + 36 + 45 + 55 + 66 + 78 is.

– Weet je eigenlijk wel wat we hier gebouwd hebben, vroeg de telduivel. Dat is niet zomaar een driehoek, dat is een monitor! Een beeldscherm. Waarom denk je dat al die kubussen een elektronische binnenkant hebben? Ik hoef dat ding maar in te schakelen, en dan licht het op.

Hij klapte in zijn handen en de kamer werd donker. Toen klapte hij nog eens in zijn handen en de eerste kubus, helemaal bovenop, lichtte rood op.

– Nog maar weer eens de één, zei Robert.

Toen de oude opnieuw in zijn handen klapte, doofde de eerste rij en de tweede gloeide op als een verkeerslicht dat op rood staat.

– Misschien kun je dat eens optellen, zei hij.

– 1 + 1 = 2, mompelde Robert. Niet bepaald opwindend!

De telduivel klapte nog eens, en nu straalde de derde rij in het rood.

– 1 + 2 + 1 = 4, riep Robert. Je hoeft helemaal niet verder te klappen. Ik heb het al begrepen. Dat zijn onze oude bekenden, de gehupte tweeën. De volgende rij geeft 2 x 2 x 2 of 2^3, is 8. En zo voort: 16, 32, 64. Tot de driehoek van onder ophoudt.

– De laatste rij, zei de ander, levert 2^{16} op, en dat is al behoorlijk veel. 65536, als je het precies wilt weten.

– Liever niet!

– Ook goed. De telduivel klapte in zijn handen en het werd weer donker.

– Wil je misschien nog een paar oude bekenden terugzien? vroeg hij.

– Dat hangt ervan af.

De oude baas klapte driemaal in de handen, de kubussen gloeiden weer op: sommige geel, andere blauw, de volgende groen of rood.

– Het lijkt de kermis wel, zei Robert.

– Zie je die trapjes met dezelfde kleur, die van rechtsboven naar linksonder gaan? We tellen alles op wat op zo'n trapje staat, en kijken wat eruit komt. Begin maar helemaal bovenaan met het rode!

– Dat heeft maar één trede, zei Robert. Eén, zoals altijd.

– Dan het gele daaronder.

– Heeft er ook maar één: 1.

– Als volgende komt er een blauwe. Twee kubussen.

– 1 + 1 = 2

– Dan de groene meteen daaronder. Twee groene kubussen.

– 2 + 1 = 3

Nu wist Robert hoe het ging:

– Weer rood: 1 + 3 + 1 = 5. En geel: 3 + 4 + 1 = 8. Blauw: 1 + 6 + 5 + 1 = 13.

– Wat zou dat kunnen betekenen: 1, 1, 2, 5, 8, 13...

– Bonatsji natuurlijk! De hazengetallen.

– Zo zie je wat er allemaal in onze driehoek verborgen zit. We kunnen dagenlang zo doorgaan, maar ik geloof dat je het voor vandaag weer welletjes vindt.

– Dat kun je wel zeggen ja, gaf Robert toe.

– Goed dan, klaar met de rekenarij.

De telduivel klapte in zijn handen en de gekleurde kubussen doofden uit.

– Maar onze monitor kan nog veel meer. Als ik nog een keer klap, weet je wat er dan gebeurt? Dan gaan de even getallen in de hele driehoek aan, en de oneven getallen blijven donker. Doen?

– Mij best.

Wat Robert nu te zien kreeg, was werkelijk een verrassing.

– Dat is gaaf! Een patroon. Allemaal driehoeken in de driehoek, alleen staan ze op hun kop.

– Grotere en kleinere, zei de telduivel. De kleinste ziet er wel uit als een kubus, maar eigenlijk is het een driehoek. De middelste bestaat uit 6 kubussen, en de grote uit 28. Dat zijn natuurlijk driehoekige getallen.

Nu branden dus alleen de even getallen in het geel. Wat denk je dat er gebeurt wanneer we alle getallen op de monitor laten branden die deel-

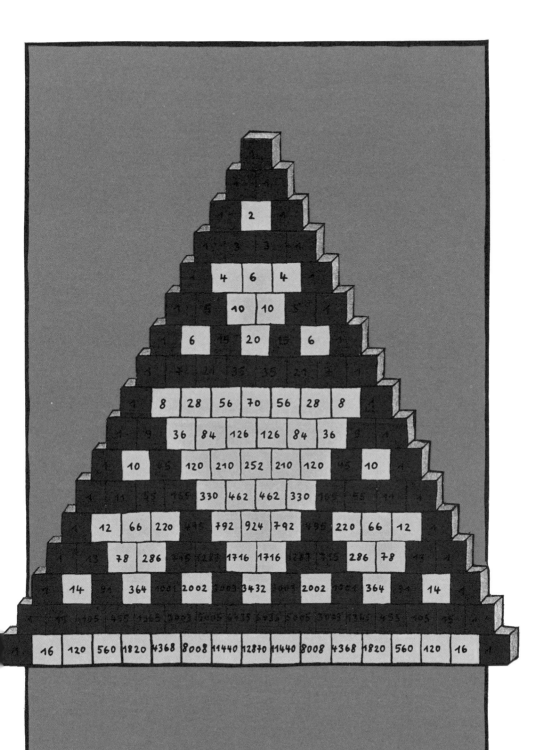

baar zijn door drie, vier of vijf? Ik hoef maar in mijn handen te klappen en je ziet het. Met welke deler zullen we het proberen, met de vijf?

– Ja, zei Robert. Alle getallen die deelbaar zijn door vijf.

Zijn vriend klapte, de gele getallen doofden uit, en de groene lichtten op.

– Dat had ik nooit durven dromen, zei Robert. Weer alleen maar driehoeken, maar deze keer zijn het andere. Het is pure hekserij!

– Ja, Robert, soms vraag ik me af waar de wiskunde ophoudt en de hekserij begint.

– Fantastisch. Heb jíj dat eigenlijk allemaal uitgevonden?

– Nee.

– Wie dan?

– De duivel mag het weten! De grote getallendriehoek is een oeroud ding. Veel ouder dan ik.

– Maar jij lijkt me toch ook behoorlijk oud.

– Ik? Hoe kom je erbij. Ik ben een van de jongsten in het getallenparadijs. Onze driehoek is minstens tweeduizend jaar oud. Ik geloof dat een of andere Chinees op het idee is gekomen.

Maar we spelen er nog steeds mee, en we ontdekken nog steeds nieuwe trucs die je ermee kunt doen.

Als jullie zo doorgaan, dacht Robert bij zichzelf, komen jullie waarschijnlijk nooit tot een eind. Maar hij zei het niet.

Toch had de telduivel hem begrepen.

– Ja, de wiskunde is inderdaad een oneindige onderneming, zei hij. Je graaft en graaft en vindt altijd weer iets nieuws.

– Kunnen jullie daar dan nooit mee ophouden? vroeg Robert.

– Ik niet, jij wel, fluisterde de telduivel, en toen hij dat zei werden de kubussen steeds bleker en hijzelf steeds dunner, tot hij zo dun was als een draad en eruitzag als een soepsliert. De kamer was pikdonker en algauw was Robert alles vergeten, de bontgekleurde kubussen, de driehoeken, de Bonatsji-getallen en zelfs zijn vriend, de telduivel.

Hij sliep en sliep tot zijn moeder hem 's morgens wakker schudde. Ze vroeg:

– Wat zie je toch bleek, Robert. Heb je slecht geslapen?

– Neu, zei Robert, hoezo?

– Ik maak me zorgen.

– Maar mama, antwoordde Robert, je weet toch dat je geen slapende honden wakker moet maken?

Wil je soms weten wat voor patroon er te-voorschijn komt wanneer alle getallen op-lichten die deelbaar zijn door vier? Ga je gang! Daarvoor hoef je geen telduivel te zijn. Dat kun je zelf uitzoeken. Neem een kleurenviltstift en kleur alle getallen die in de tafel van vier voorkomen. Als de getallen je te groot zijn, dan neem je er een zakja-pannertje bij, toets in : 4, en je ziet of het opgaat. Op de volgende bladzij staat de driehoek:

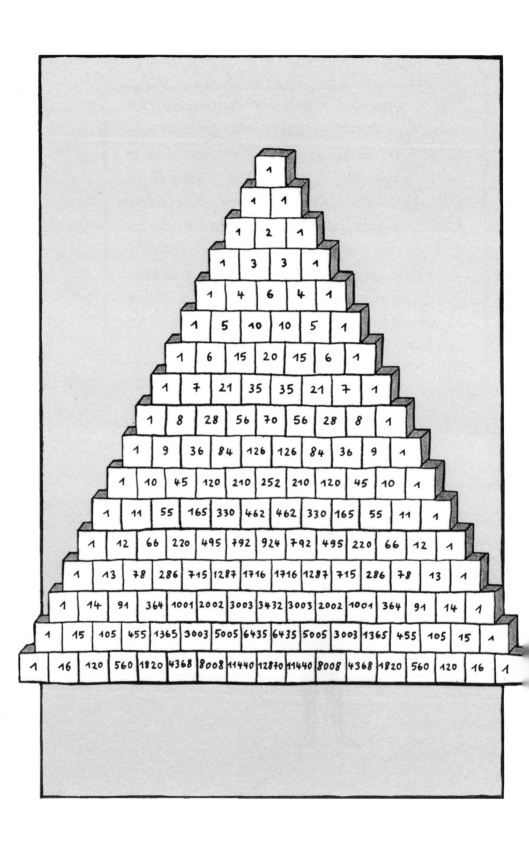

De achtste nacht

Robert stond vooraan bij het bord. In de voorste bank zaten zijn twee beste vrienden uit de klas: Albert, de voetballer, en Bettina met de vlechten. Zoals altijd zaten die twee ruzie te maken.

Dat ontbrak er nog maar aan, dacht Robert, nu droom ik al van school!

De deur ging open, maar het was niet meneer Van Balen die binnenkwam – het was de telduivel.

Goedemorgen, zei hij. Ik zie dat jullie alweer zitten te kibbelen. Waar gaat het over?

– Bettina zit op mijn plaats, riep Albert.

– Dan ruil je toch gewoon met haar.

– Maar dat wil ze niet, zei Albert.

– Schrijf op het bord, Robert, verzocht de oude.

– Wat dan?

– Je schrijft een A voor Albert en een B voor Bettina. Albert zit links en Bettina rechts.

Robert begreep niet waarom hij dat op moest schrijven, maar hij dacht: als hij dat leuk vindt, mij best.

– Zo Bettina, zei de telduivel, nu ga jij eens
links zitten en Albert rechts.
Gek! Bettina protesteerde niet. Ze stond braaf
op en wisselde van plaats met Albert.

schreef Robert op het bord.
Op dat moment ging de deur open en Charlie
kwam binnen, zoals altijd te laat. Hij ging links
naast Bettina zitten.

schreef Robert.
Maar dat vond Bettina helemaal niet goed. Als
ik links moet zitten, dan ook helemaal links!
– Nou vooruit, bromde Charlie. Zoals je wilt!
En de twee wisselden van plaats:

Daarmee ging Albert nu weer niet akkoord. Ik wil
liever naast Bettina zitten, riep hij. Charlie was
zo inschikkelijk dat hij zonder verder commen-
taar opstond en zijn plaats aan Albert afstond:

Als dat zo doorgaat, zei Robert bij zichzelf, kunnen we dit uur wiskunde wel vergeten. En het ging zo door, want nu wilde Albert ook wel eens helemaal links zitten.

– Dan moeten we allemaal opstaan, zei Bettina. Ik zie het nut er niet van in, maar als het per se moet... kom, Charlie!

Toen ze weer zaten, zag het er zo uit:

$$ABC$$

Lang kon dat natuurlijk niet goed gaan.

– Nee, naast Charlie houd ik het geen minuut uit, beweerde Bettina. Ze was werkelijk onuitstaanbaar. Maar ze liet de anderen geen rust, de twee jongens moesten toegeven. Robert schreef:

$$CAB$$

– Nu is het genoeg! zei hij.

– Denk je? vroeg de telduivel. Die drie hebben toch nog niet alle mogelijkheden geprobeerd. Hoe zou het zijn als jullie zo gingen zitten: Albert links, Charlie in het midden en Bettina rechts?

– Nooit ofte nimmer, riep Bettina.

– Stel je niet zo aan, Bettina, zei hij.

151

Tegen hun zin kwamen de drie overeind en gingen zo zitten:

A c B

– Valt je iets op, Robert? Hé, Robert, ik heb het tegen jou! Die drie daar zien er vast niks in. Robert keek naar het bord:

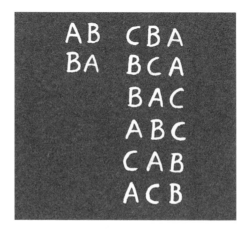

– Als je het mij vraagt, zei hij, hebben we alle mogelijkheden uitgeprobeerd.
– Dat geloof ik ook, zei de telduivel. Maar het lijkt me toch sterk dat jullie in je klas maar met zijn vieren zijn. Ik vrees dat er nog een paar ontbreken.
Nauwelijks had hij dat gezegd of Doris rukte de deur open. Ze was behoorlijk buiten adem.
– Wat is er hier aan de hand? Geen meneer Van Balen? En wie bent u? vroeg ze aan de telduivel.

– Ik ben er alleen als invaller. Jullie meneer Van Balen heeft vrij genomen. Hij houdt het niet meer uit, zei hij. Jullie klas is hem veel te onrustig.

– Dat kun je wel zeggen, antwoordde Doris. Ze zitten allemaal verkeerd. Sinds wanneer is dat *jouw* plaats, Charlie? Daar zit ik!

– Zeg jij dan maar eens wie waar moet zitten, Doris, zei de telduivel.

– Ik zou me gewoon aan het alfabet houden, zei ze. De A van Albert, de B van Bettina, de C van Charlie enzovoort. Dat is het eenvoudigste.

– Zoals je wilt. Laten we het eens proberen.

Robert noteerde op het bord:

A B C D

De anderen waren het helemaal niet eens met de plaats waar Doris ze wilde hebben. Nu brak de hel los in de klas. Bettina was de ergste. Ze beet en krabde als iemand zijn plaats niet wilde opgeven. Iedereen duwde en drong. Maar na een tijdje begonnen ze alle vier plezier te krijgen in het gekke spel. Het wisselen van plaats ging steeds sneller, zodat Robert het nauwelijks meer bij kon houden met opschrijven. Ten slotte had de bende van vier alle mogelijke zitcombinaties uitgespeeld, en op het bord stond nu:

153

ABCD	BACD	CABD	DABC
ABDC	BADC	CADB	DACB
ACBD	BCAD	CBAD	DBAC
ACDB	BCDA	CBDA	DBCA
ADBC	BDAC	CDAB	DCAB
ADCB	BDCA	CDBA	DCBA

Het is maar goed dat ze er niet allemaal zijn, dacht Robert, anders kwam er nooit een eind aan. Toen stormden Enzio, Felicitas, Gerard, Hanna, Ivan, Jeanine en Karel naar binnen.

– Nee, schreeuwde Robert, alsjeblieft niet! Niet gaan zitten, alsjeblieft! Anders word ik gek.

– Goed, zei de telduivel. We laten het hierbij. Naar huis allemaal. De volgende uren vallen uit.

– En ik? vroeg Robert.

– Jij mag nog een poosje blijven.

De anderen liepen naar buiten, het plein op. Robert bekeek het bord eens.

– Nou, wat denk je ervan? vroeg de telduivel.

– Ik weet niet. Eén ding is duidelijk: het worden er steeds meer. Steeds meer mogelijkheden om in een andere volgorde te gaan zitten. Zolang er maar twee waren, ging het nog. Twee leerlingen, twee mogelijkheden. Drie leerlingen, zes mogelijkheden. Met vier zijn het er al

– wacht even! – vierentwintig.
– En als er maar één is?
– Nou, wat zou dat! Dan is er natuurlijk maar
één mogelijkheid.
– Probeer het eens met vermenigvuldigen, zei
de telduivel.

scholieren: mogelijkheden:

scholieren	mogelijkheden
1	1
2	1 × 2 = 2
3	1 × 2 × 3 = 6
4	1 × 2 × 3 × 4 = 24

– Aha, zei Robert. Dat is interessant.
– Hoe meer er aan het spel meedoen, hoe lasti-
ger het wordt om het zo op te schrijven. Dat
kan ook korter. Je schrijft het aantal deelne-
mers op en zet er een uitroepteken achter:

$$4! = 24$$

Dat spreek je zo uit: vier wamm!
– Als je Enzio en Felicitas en Gerard en Hanna
en Ivan en Jeanine en Karel niet naar huis had
gestuurd, wat denk je dat er dan gebeurd was?
– Dat was een reusachtige warboel geworden,

zei de telduivel. Ze zouden in het wilde weg alle volgordes geprobeerd hebben, en ik kan je wel zeggen dat dat verdraaid lang geduurd had. Samen met Albert, Bettina, Charlie en Doris waren het elf personen geweest, en dat betekent dat er elf wamm! mogelijkheden zouden zijn geweest om te gaan zitten. Schat eens hoeveel mogelijkheden dat zouden zijn?

– Dat kan geen mens uit zijn hoofd uitrekenen. Maar op school heb ik altijd mijn zakjapannertje bij de hand. Stiekem natuurlijk, want meneer Van Balen wil niet hebben dat je daarmee werkt. En Robert begon in te tikken:

$$1 \times 2 \times 3 \times 4 \times 5 \times 6 \times 7 \times 8 \times 9 \times 10 \times 11 =$$

– Elf wamm! zei hij, is precies 39916800. Bijna veertig miljoen!

– Zie je, Robert, als we dat hadden uitgeprobeerd, hadden we hier over tachtig jaar nog gezeten. Je schoolvriendjes hadden allang een rolstoel nodig gehad en we hadden elf verpleegsters in dienst moeten nemen om ze heen en weer te schuiven. Maar met een beetje wiskunde gaat alles gewoon sneller. Nu schiet me nog iets te binnen. Kijk eens uit het raam of je klasgenoten er nog zijn.

– Die hebben, geloof ik, gauw nog een ijsje

157

gekocht en zijn nu naar huis.

– Ik neem aan dat ze elkaar een hand geven wanneer ze afscheid nemen?

– Welnee. Ze zeggen 'doei' of 'tot ziens'.

– Jammer, zei de telduivel. Ik zou graag weten wat er gebeurt als ze elkaar allemaal een hand gaven.

– Hou toch op! Dat duurt vast eeuwig. Waarschijnlijk is dat een reusachtig aantal handdrukken. Ik vermoed elf wamm!, als het elf personen zijn.

– Mis! zei de telduivel.

– Als het er twee zijn, overwoog Robert, is er maar één handdruk nodig. Bij drie...

– Schrijf het liever op het bord.

Robert schreef:

mensen:	handdrukken:
A	—
A B	A B
A B C	A B A C B C
A B C D	A B A C A D B C B D C D

– Dus: bij twee is het er één, bij drie zijn het er drie en bij vier zijn het al zes handdrukken.

– 1, 3, 6... Dat kennen we toch?

Robert kon het zich niet herinneren. Toen te-

kende de telduivel een paar dikke stippen op
het bord:

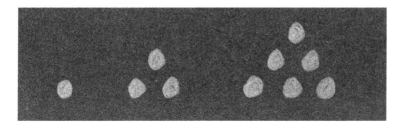

– De kokosnoten, riep Robert. Driehoekige getallen!
– En hoe gaan die?

$$1 + 2 \quad = 3$$
$$3 + 3 \quad = 6$$
$$6 + 4 \quad = 10$$
$$10 + 5 \quad = 15$$
$$15 + 6 \quad = 21$$
$$21 + 7 \quad = 28$$
$$28 + 8 \quad = 36$$
$$36 + 9 \quad = 45$$
$$45 + 10 \quad =$$

Het zijn precies 55 handdrukken.
– Dat is nog te doen, zei Robert.
– Als je niet zo lang wilt rekenen, kun je het

159

ook anders doen. Je tekent een paar cirkels op
het bord, zo:

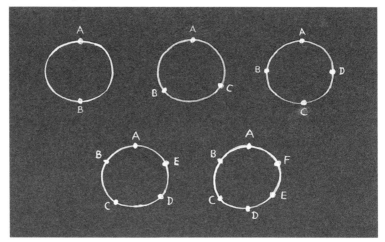

Op elke nieuwe cirkel zet je er steeds een letter
meer bij: A voor Albert, B voor Bettina, C voor
Charlie enzovoort.
Dan verbind je alle letters met elkaar:

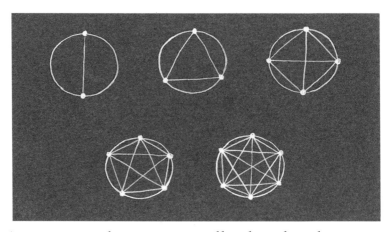

Ziet er goed uit, niet? Elke lijn betekent een
handdruk. Je kunt het natellen.

– 1, 3, 6, 10, 15... Dat kennen we, zei Robert.
Maar één ding begrijp ik niet. Kun je mij verklappen waarom bij jou altijd alles in elkaar past?
– Dat is nu juist het duivelse aan wiskunde.
Het past allemaal in elkaar. Nou ja, later we
liever zeggen: bijna allemaal. Want de prima
getallen, dat weet je, die hebben hun kuren. En
ook verder moet je verdraaid goed opletten,
anders kun je makkelijk je neus stoten. Maar
in het algemeen gaat het er in de wiskunde
echt heel ordelijk toe. Dat is precies wat sommige mensen er zo aan haten. Maar ik heb een
hekel aan viespeuken en sloddervossen, en omgekeerd is het precies zo: die houden niet van
getallen. Nu we het er toch over hebben, kijk
eens uit het raam. Dat schoolplein van jullie is
je reinste varkensstal!
Dat moest Robert toegeven, want op het plein
slingerden overal lege colablikjes, verscheurde
stripblaadjes en boterhamzakjes.
– Als er drie van jullie een bezem pakten, zag
het plein er in een half uurtje heel wat beter uit.
– En wie moeten dat zijn? vroeg Robert.
– Albert, Bettina en Charlie bijvoorbeeld. Of
Doris, Enzio en Felicitas. Bovendien hebben
we nog Gerard, Hanna, Ivan, Jeanine en Karel.
– Je zegt toch dat er maar drie nodig zijn.
– Ja maar, wierp de getallenduivel tegen, welke
drie?

161

– Die kun je toch combineren zoals je wilt, zei Robert.
– Zeker. Maar als ze er niet allemaal zijn? Als we er maar drie hebben, Albert, Bettina en Charlie?
– Dan moeten die het doen.
– Goed, schrijf op!
Robert schreef:

ABC

– En als Doris erbij komt, wat doen we dan? Dan zijn er weer meer mogelijkheden.
Robert dacht na. Daarna schreef hij op het bord:

ABC   ABD   ACD   BCD

– Vier mogelijkheden, zei hij.
– Maar toevallig komt nu ook Enzio langs. Waarom zou die niet meehelpen? Nu hebben we vijf kandidaten. Probeer het eens.
Maar Robert wilde niet.
– Zeg liever maar meteen wat eruit komt, zei hij uitgeput.
– Nou goed. Uit drie personen kunnen we maar een groep van drie vormen. Bij vier personen zijn er vier verschillende groepen mogelijk, en bij vijf zijn het er tien. Ik schrijf het voor je op:

personen: groepen:

3	ABC								
4	ABC	ABD		ACD			BCD		
5	ABC	ABD	ABE	ACD	ACE	ADE	BCD	BCE	BDE	CDE

– Er is nog iets merkwaardigs aan deze lijst. Ik heb hem alfabetisch geordend, zoals je ziet. En hoeveel groepen beginnen met Albert? Tien. Hoeveel met Bettina? Vier. En met Charlie begint maar één groep. Bij dit spel duiken steeds weer dezelfde getallen op:

$$1, 4, 10 \cdots$$

Raad eens hoe het verdergaat? Ik bedoel, wanneer er nu nog een paar bij komen, zeg maar Felicitas, Gerard, Hanna enzovoort? Hoeveel groepen van drie zou dat opleveren?
– Geen idee, zei Robert.
– Weet je nog hoe we die kwestie met die

handdrukken uitgedokterd hebben? Als iedereen afscheid van elkaar neemt?

– Dat ging heel makkelijk, met behulp van de driehoekige getallen:

$$1, 3, 6, 10, 15, 21 \cdots$$

Maar dat past niet bij onze bezemploegen, die met zijn drieën werken.

– Nee. Maar als je de eerste twee driehoekige getallen bij elkaar optelt?

– Dat is vier.

– En als je het volgende erbij neemt?

– Tien.

– En nog één erbij?

– 10 + 10 = 20

– Zie je wel.

– En nu moet ik steeds verder rekenen, tot ik bij de elfde aangekomen ben? Dat meen je toch niet.

– Maak je niet druk. Het gaat ook zonder. Zonder rekenen, zonder uitproberen, zonder ABCDEFGHIJK.

– Hoe dan?

– Met onze goeie ouwe getallendriehoek, zei de telduivel.

– Wil je die hier op het bord tekenen?

– Ik denk er niet aan. Dat is me veel te tijdrovend. Maar ik heb toch mijn stok bij me.

Hij tikte met zijn staf tegen het bord, en daar stond de driehoek al, in volle pracht, en nog in vier kleuren ook.

– Gemakkelijker kan het toch niet, zei hij. Bij de handdrukken tel je eenvoudig de groene kubussen van boven naar beneden: bij twee personen één handdruk, bij drie personen drie, bij elf personen 55.

Voor ons bezemtrio heb je de rode kubussen nodig. Je telt weer van boven naar beneden. Het begint met drie personen, daarmee heb je maar één mogelijkheid. Als je uit vier personen kunt kiezen, staan er vier combinaties tot je beschikking, bij vijf personen zijn het er al tien. En hoe is het als alle elf scholieren er zijn?

– Dan zijn het er 165, antwoordde Robert. Dat gaat echt eenvoudig. Deze getallendriehoek is bijna zo goed als een computer. Maar waarvoor zijn dan die gele kubussen?

– O, zei de oude, je weet intussen wel dat ik niet zo heel gauw tevreden ben. Wij telduivels drijven altijd alles op de spits. Wat doe je als je aan drie personen niet genoeg hebt voor het karwei? Dan moet je er gewoon vier nemen. En de gele rij vertelt je dan hoeveel mogelijkheden er zijn om bijvoorbeeld uit acht mensen een kwartet te kiezen.

– Zeventig, zei Robert, want hij had heel goed

165

								1								
							1		1							
						1		2		1						2
					1		3		3		1					3
				1		4		6		4		1				4
			1		5		10		10		5		1			5
		1		6		15		20		15		6		1		6

1   7   21   35   35   21   7   1   7

1   8   28   56   70   56   28   8   1   8

1   9   36   84   126   126   84   36   9   1   9

1   10   45   120   210   252   210   120   45   10   1   10

1   11   55   165   330   462   462   330   165   55   11   1   11

1   12   66   220   495   792   924   792   495   220   66   12   1   12

1   13   78   286   715   1287   1716   1716   1287   715   286   78   13   1

1   14   91   364   1001   2002   3003   3432   3003   2002   1001   364   91   14   1

1   15   105   455   1365   3003   5005   6435   6435   5005   3003   1365   455   105   15   1

1   16   120   560   1820   4368   8008   11440   12870   11440   8008   4368   1820   560   120   16   1

begrepen hoe gemakkelijk het was de antwoorden uit de driehoek af te lezen.

– Precies, zei de telduivel. Over de blauwe kubussen wil ik het helemaal niet hebben.

– Dat zijn denk ik de groepen van acht. Als ik maar acht personen tot mijn beschikking heb, hoef ik niet lang na te denken. Dan is er maar één mogelijkheid. Maar met tien kandidaten kan ik al 45 verschillende groepen vormen. En zo verder enzovoort.

– Je snapt het.

– Nu zou ik alleen nog willen weten hoe het er buiten op het plein uitziet, zei Robert.

Hij keek uit het raam en zie: nog nooit lag het schoolplein er zo keurig opgeruimd bij als nu.

– Ik vraag me toch af welke drie nu de bezem gepakt hebben.

– Jij was het in elk geval niet, beste Robert, zei de telduivel.

– Hoe moet ik het schoolplein schoonvegen als ik de hele nacht moet worstelen met getallen en kubussen?

– Geef maar toe, zei zijn vriend, dat je het best leuk vond.

– En nu? Kom je gauw weer?

– Ik ga eerst eens vakantie houden, zei de telduivel. Jij kunt je intussen vermaken met meneer Van Balen.

Daar had Robert niet veel zin in, maar er bleef hem weinig anders over. De volgende morgen moest hij toch weer naar school.

Toen hij het klaslokaal binnenkwam, zaten Albert en Bettina en de anderen al op hun plaatsen. Niemand was er tuk op zijn plaats met een ander te ruilen.

– Daar heb je ons wiskunde-genie, riep Charlie.

– Die brave Robert leert zelfs nog in zijn slaap, zei Bettina pesterig.

– Dacht je dat hij daar iets mee opschiet? vroeg Doris.

– Welnee, schreeuwde Karel. Meneer Van Balen mag hem toch niet.

– En omgekeerd, antwoordde Robert. Hij kan me gestolen worden!

Voordat meneer Van Balen binnenkwam, wierp Robert nog snel een blik uit het raam.

Net als altijd, dacht hij toen hij het schoolplein zag. Eén grote vuilnisbelt! Je kunt gewoon niet vertrouwen op wat je gedroomd hebt. Behalve op de getallen: daar kun je van op aan.

Toen stapte de onvermijdelijke meneer Van Balen naar binnen met een aktetas vol krakelingen.

De negende nacht

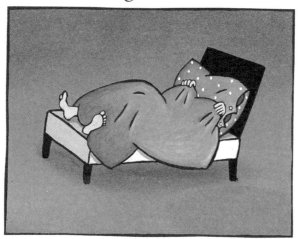

Robert droomde dat hij droomde. Dat had hij zich aangewend. Steeds als hem in een droom iets akeligs overkwam, bijvoorbeeld dat hij met één been op een glibberige steen stond, midden in een snelstromende rivier, en niet meer voor- of achteruit kon, dacht hij gauw: afgrijselijk, maar het is maar een droom.

Tot hij griep kreeg en de hele dag met koorts in bed moest blijven. Toen hielp deze truc niet meer, want Robert wist heel goed dat koortsdromen de ergste zijn. Hij herinnerde zich hoe hij vroeger eens ziek was geweest en in een vulkaanuitbarsting verzeild was geraakt. Vuurspuwende bergen hadden hem hoog de lucht in geslingerd en hij had op het punt gestaan om langzaam, griezelig langzaam weer naar beneden te storten, recht in de krater van de vulkaan... Hij moest er niet aan denken! Daarom probeerde hij wakker te blijven, hoewel zijn moeder steeds zei:

– Je moet de griep wegslapen, dat is het beste. Lees niet zoveel! Dat is ongezond.

Toen hij ongeveer twaalf stripboeken uit had,

was hij zo moe dat zijn ogen vanzelf dichtvielen. Maar wat hij toen droomde, was heel zonderling. Hij droomde namelijk dat hij griep had en in bed lag. Naast hem op het bed zat de telduivel.

Daar staat het glas water op het nachtkastje, dacht hij. Ik heb het erg warm. Ik heb koorts. Ik geloof dat ik helemaal niet in slaap ben gevallen.

– Zo? zei de telduivel. En ik dan? Droom je mij of ben ik er echt?

– Ik weet het niet, zei Robert.

– Maakt niet uit. In elk geval wou ik op ziekenbezoek komen. En wie ziek is, moet thuisblijven en geen uitstapjes maken in de woestijn, of hazen tellen op aardappelvelden. Dus ik dacht, we maken er een rustige avond van, zonder grote trucs. Om ons niet te vervelen heb ik een paar getallen laten komen. Want je weet, zonder getallen kan ik niet leven. Maar maak je geen zorgen, ze zijn volkomen ongevaarlijk.

– Dat beweer je altijd, zei Robert.

Er werd aan de deur geklopt en de telduivel riep: 'Binnen!' Meteen kwamen ze naar binnen gemarcheerd, en wel met zoveel tegelijk, dat Roberts slaapkamer in een oogwenk tjokvol was. Het verwonderde hem hoeveel mensen er tussen de deur en zijn bed een plaatsje vonden. De getallen leken wel wielrenners of marathonlopers,

172

want ze droegen hun nummers allemaal op witte truitjes. De kamer was nogal klein, maar hoe
meer getallen zich naar binnen drongen, hoe
dieper hij leek. De deur week steeds verder terug, tot hij ver naar achter aan het einde van een
kaarsrechte gang nauwelijks meer te zien was.
De getallen stonden lachend en kletsend door
elkaar, tot de telduivel met de luide stem van
een sergeant schreeuwde:
– Opgelet! Eerste reeks: aantreden!
Onmiddellijk stelden ze zich met de rug tegen
de muur op in een lange rij, eerst de één, en
alle anderen daarnaast.
– Waar is de nul toch? vroeg Robert
– De nul naar voren komen! brulde de telduivel.
Die had zich onder het bed verstopt. Nu kroop
ze tevoorschijn en zei verlegen:
– Ik dacht dat ik niet nodig was. Ik voel me zo
beroerd, ik geloof dat ik griep krijg. Ik verzoek
onderdanig om ziekteverlof.

– Inrukken! schreeuwde de oude baas, en de
nul kroop weer onder Roberts bed.
– Nou ja, zij is nu eenmaal iets bijzonders, die
nul. Ze wil altijd een voorkeursbehandeling.
Maar de anderen – is het je opgevallen hoe ge-
hoorzaam ze zijn?
Met genoegen bekeek hij de gewone getallen,
zoals ze in het gelid stonden:

– Tweede reeks! beval hij, en dadelijk traden nieuwe getallen aan. Het was een getrappel en een geschuifel van jewelste voor ze eindelijk in de juiste volgorde stonden:

Ze stonden vlak voor de anderen in de kamer – als je het tenminste nog een kamer kon noemen, want het had intussen meer van een onafzienbaar lange pijpenla –, en ze droegen allemaal een rood truitje.

– Aha, zei Robert. Dat zijn de oneven getallen.

– Ja, maar raad nu eens hoeveel dat er zijn, vergeleken met die in de witte truitjes, die langs de muur staan.

– Dat is toch duidelijk, zei Robert. Elk tweede getal is oneven. Dus zijn er half zoveel rode als witte.

– Je denkt dus dat er dubbel zoveel gewone getallen zijn als oneven getallen?

– Natuurlijk.

De telduivel lachte, maar het klonk niet aardig, het leek Robert haast hoongelach.

– Ik moet je teleurstellen, vriend, zei de oude
baas. Van elke soort zijn er precies evenveel.
– Dat kan niet, riep Robert. *Alle* getallen kunnen toch niet precies evenveel zijn als *de helft*.
Dat is toch onzin!
– Let maar op, ik zal het je laten zien.
Hij keerde zich naar de getallen en brulde:
– Eerste en tweede reeks: handdruk!
– Waarom brul je zo tegen ze, zei Robert geërgerd. Het lijkt hier wel een kazerneplein. Zou
je niet een beetje beleefder tegen ze kunnen
zijn?
Maar zijn protest ging verloren, want nu had
elk wit getal een van de rode een hand gegeven,
en opeens stonden ze daar paarsgewijs als tinnen soldaatjes:

1	2	3	4	5	6	7	8	9	10	11	12	13	...
1	3	5	7	9	11	13	15	17	19	21	23	25	...

– Zie je? Bij elk gewoon getal van één tot daarbuiten hoort een oneven getal, ook van één tot
daarbuiten. Of kun je mij een enkele rode aan-
wijzen die nog geen witte partner heeft? Dus:
er zijn oneindig veel gewone getallen, en er zijn
precies evenveel oneven getallen. Oneindig veel
dus.
Robert dacht een poosje na.

– Als ik oneindig door twee deel, betekent dat dan dat er twee keer oneindig uit komt? Dan zou het geheel precies even groot zijn als de helft!

– Zeker, zei de telduivel. En dat niet alleen.

Hij trok een fluitje uit zijn zak en blies erop. Meteen dook uit de diepte van de eindeloze kamer een nieuwe colonne op. Deze keer droegen ze groene truitjes en ze renden kriskras door elkaar tot de oude meester riep:

– Derde reeks: aantreden!

Het duurde niet lang of de groenen hadden zich ordelijk opgesteld voor de roden en de witten:

| 2 | 3 | 5 | 7 | 11 | 13 | 17 | 19 | 23 | 29 | 31 | 37 | 41 | ... |

– Dat zijn de prima getallen, stelde Robert vast. De telduivel knikte alleen maar. Toen blies hij opnieuw op zijn fluitje, vier keer achter elkaar. Nu brak de hel echt los in Roberts kamer. Een nachtmerrie! Wie had ooit gedacht dat in een enkele kamer, al was die intussen zo lang geworden als de baan van een raket naar de maan, plaats was voor zo ontzettend veel getallen! Je kon gewoon geen adem meer halen. Roberts hoofd voelde aan als een brandende gloeilamp.

– Hou op! riep hij. Ik kan niet meer.

– Dat komt gewoon door je griep, zei de telduivel. Morgen voel je je vast weer beter. Toen
commandeerde hij verder:
– Luister allemaal! De reeksen vier, vijf, zes en
zeven, aantreden! En vlug een beetje!
Robert sperde zijn ogen, die al dicht wilden
vallen, open en zag zeven verschillende soorten
getallen in witte, rode, groene, blauwe, gele,
zwarte en roze truitjes ordelijk achter elkaar
opgesteld in zijn eindeloos uitgerekte kamer
staan:

1	2	3	4	5	6	7	8	9	10	11	12	13	14	15	...
1	3	5	7	9	11	13	15	17	19	21	23	25	27	29	...
2	3	5	7	11	13	17	19	23	29	31	37	41	43	47	...
1	1	2	3	5	8	13	21	34	55	89	144	233	377	610	...
1	3	6	10	15	21	28	36	45	55	66	78	91	105	120	...
2	4	8	16	32	64	128	256	512	1024	2048	4096	8192	16384		...
1	2	6	24	120	720	5040	40320	362880		3628800		39916800			...

De laatste getallen op de roze truitjes kon hij
bijna niet meer lezen, want die waren zo lang
dat ze nauwelijks plaats genoeg hadden op de
borst van hun dragers.
– Die groeien wel verschrikkelijk snel, zei Robert. Dat kan ik niet meer bijhouden.

– Wamm! zei de oude. De getallen met het uitroepteken.

$$3! = 1 \times 2 \times 3$$
$$4! = 1 \times 2 \times 3 \times 4$$

enzovoort. Dat gaat sneller dan je denkt. Maar
hoe zit het met de andere? Ken je die?
– De rode hebben we al gehad, dat zijn de oneven getallen, en de groene zijn de prima getallen. De blauwe – dat weet ik niet, maar die komen me ook bekend voor.
– Denk aan de hazen!
– O ja. Dat zijn de Bonatsji's. En de gele zijn
waarschijnlijk de driehoekige getallen.
– Helemaal niet slecht, beste Robert. Griepje
of niet, als toverleerling maak je vorderingen.
– Nou ja, en de zwarte, dat zijn gewoon gehupte getallen. $2^2, 2^3, 2^4$ enzovoort.
– En van elke soort zijn er evenveel, zei de telduivel.
– Oneindig veel, zuchtte Robert. Dat is juist
het verschrikkelijke. Wat een gedrang.
– Reeksen een tot zeven, inrukken! brulde de
oude meester.
En opnieuw ontstond er een enorm gescharrel
en gedrang en gepor en getrappel en geschuifel.
Pas toen de getallen allemaal weer buiten wa-

179

ren viel er een heerlijke stilte. Roberts kamer was weer klein en leeg zoals hij daarvoor was geweest.

– Nu heb ik eerst een glas water en een asperientje nodig, zei Robert.

– En goed uitrusten, zodat je morgen weer op de been bent.

De telduivel dekte hem zelfs toe.

– Je hoeft alleen maar je ogen open te houden, zei hij. De rest schrijf ik op het plafond.

– Welke rest?

– Ach, zei de oude baas, die alweer met zijn wandelstok rondzwaaide, de reeksen hebben we eruit gegooid, omdat ze te veel lawaai maken en te veel modder naar binnen lopen. Nu komen alleen nog de rijen.

– Rijen? Wat voor rijen?

– Tja, zei de telduivel, het is namelijk niet zo dat de getallen altijd maar als tinnen soldaatjes naast elkaar aantreden. Wat gebeurt er wanneer ze zich verbinden? Ik bedoel, wanneer je ze optelt?

– Dat snap ik niet, kreunde Robert.

Maar de oude had de eerste rij al op het plafond geschreven.

– Zei je niet dat ik moest uitrusten?

– Stel je niet zo aan. Je hoeft toch alleen maar te lezen wat daar staat:

$$\frac{1}{2} + \frac{1}{4} + \frac{1}{8} + \frac{1}{16} + \frac{1}{32} + \frac{1}{64} \ldots =$$

– Maar dat zijn breuken, riep Robert verontwaardigd. Gatver!

– Neem me niet kwalijk, maar die zijn toch echt heel simpel. Vind je niet?

– Een half, las Robert, plus een vierde, plus een achtste plus een zestiende enzovoort. Boven staat steeds een één, en onder staan de gehupte getallen uit de reeks van twee, die met de zwarte truitjes: 2, 4, 8, 16... Hoe dat verdergaat weten we wel.

– Ja, maar wat komt eruit als we al die breuken optellen?

– Weet ik niet, antwoordde Robert. Omdat de rij nooit ophoudt, komt er waarschijnlijk oneindig veel uit. Maar anderzijds is ¼ minder dan dan ½, ⅛ is minder dan ¼, enzovoort – dus wat ik erbij optel wordt steeds kleiner.

De getallen verdwenen van het plafond. Robert staarde naar boven en zag niets anders dan een lange streep:

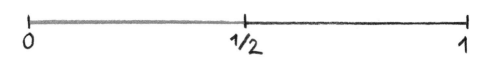

– Aha, zei hij na een tijdje. Ik geloof dat ik het doorheb. Het begint met ½. Dan tel ik de helft van ½ erbij op, dus ¼.
En meteen verscheen wat hij zei zwart op wit tegen het plafond:

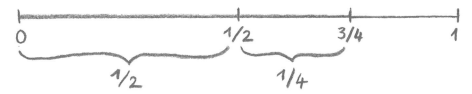

– Dan doe ik het gewoon zo verder. Ik tel er steeds de helft bij op. De helft van ¼ is ⅛, de helft van ⅛ is 1/16, enzovoort. De stukjes die erbij komen zijn steeds kleiner, tot ze zo piepklein zijn, dat ik ze niet meer kan zien, net zoals met die in stukjes verdeelde kauwgum.

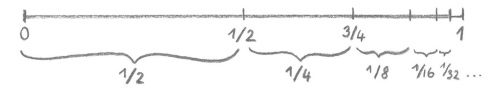

Op deze manier kan ik doorgaan tot ik een ons weeg. Dan kom ik *bijna* tot aan de één, maar nooit helemaal.
– Jawel hoor. Je moet alleen tot in het oneindige doorgaan.
– Maar daar heb ik geen zin in. Ik lig tenslotte met griep in bed.

183

– Toch weet je nu, zei de oude meester, hoe het verdergaat en wat eruit komt. Want *jij* wordt wel moe, maar de getallen nooit.

De streep verdween van het plafond en daar stond te lezen:

$$\frac{1}{2} + \frac{1}{4} + \frac{1}{8} + \frac{1}{16} + \frac{1}{32} + \frac{1}{64} \cdots = 1$$

– Schitterend, riep de telduivel. Uitstekend! Maar nu verder!

– Ik ben moe. Ik moet slapen!

– Wat wil je eigenlijk? Je slaapt toch! Je droomt per slot van rekening van mij, en dromen kun je alleen als je slaapt.

Dat moest Robert toegeven, al had hij langzamerhand het gevoel dat hij spierpijn in zijn hersens kreeg.

– Vooruit, zei hij, nog *een* van die waanzinnige ideeën van jou, maar dan wil ik met rust gelaten worden. De telduivel stak zijn stokje omhoog en knipte met de vinger. Op het plafond verschenen weer een paar getallen:

$$\frac{1}{2} + \frac{1}{3} + \frac{1}{4} + \frac{1}{5} + \frac{1}{6} + \frac{1}{7} + \frac{1}{8} + \cdots =$$

– Precies hetzelfde als daarnet, riep Robert.
Ook deze rij kan ik optellen zo lang ik wil. Elk
nieuw getal is kleiner dan het vorige. Daar
komt waarschijnlijk weer één uit.
– Denk je? Dan bekijken we de zaak eens wat
nauwkeuriger. Laten we de eerste twee getallen
eens nemen.
Nu stonden alleen de eerste twee breuken van
de rij nog op het plafond:

$$\frac{1}{2} + \frac{1}{3}$$

– Hoeveel is dat?
– Weet ik niet, mompelde Robert.
– Doe je niet dommer voor dan je bent, foeterde de telduivel. Wat is meer, de helft of een
kwart?

– De helft natuurlijk, riep Robert geërgerd.
Denk je soms dat ik achterlijk ben?
– Nee hoor. Maar zeg me nog één ding: wat is
meer, een derde of een vierde?
– Een derde natuurlijk.
– Goed. We hebben dus twee breuken die elk
meer zijn dan een vierde, en hoeveel is twee
vierde?
– Domme vraag, twee vierde is een half.
– Zie je?

$$\frac{1}{2} + \frac{1}{3} \quad \text{is dus meer dan} \quad \frac{1}{4} + \frac{1}{4}$$

En als we nu de volgende vier breuken van de rij nemen en ze optellen, dan komt er weer meer dan de helft uit:

$$\frac{1}{4} + \frac{1}{5} + \frac{1}{6} + \frac{1}{7}$$

– Dat is mij te ingewikkeld, bromde Robert.
– Onzin! schreeuwde de telduivel. Wat is meer, een vierde of een achtste?
– Een vierde.
– Wat is meer, een vijfde of een achtste?
– Een vijfde.
– Juist. En met die een zesde en die een zevende is het precies zo. Van de vier breuken

$$\frac{1}{4}, \quad \frac{1}{5}, \quad \frac{1}{6}, \quad \frac{1}{7}$$

is elk apart meer dan een achtste. En hoeveel is vier achtste?
Met tegenzin zei Robert:
– Vier achtste is precies ½.

186

– Prachtig. Nu hebben we

$$\underbrace{\frac{1}{2}+\frac{1}{3}}+\underbrace{\frac{1}{4}+\frac{1}{5}+\frac{1}{6}+\frac{1}{7}}+\underbrace{\frac{1}{8}+\frac{1}{9}+\frac{1}{10}+\frac{1}{11}+\frac{1}{12}+\cdots\frac{1}{15}}+\frac{1}{16}\cdots$$

meer	meer	meer
dan ½	dan ½	dan ½

En zo gaat het verder. Tot in het oneindige. Je ziet: de eerste zes breuken uit deze rij zijn samen al meer dan 1 als je ze optelt. En zo zouden we door kunnen gaan, net zo lang als je wilt.

– Alsjeblieft niet, zei Robert.

– En *als* we zo door zouden gaan – wees maar niet bang, we doen het niet – waar kwamen we dan uit?

– In het oneindige, denk ik, zei Robert. Dat is duivels!

– Het zou alleen behoorlijk lang duren, verklaarde de telduivel. Voor we bij de eerste duizend aangeland zijn, zouden we geloof ik, ook als we verschrikkelijk snel zouden rekenen, al tot het einde der tijden bezig zijn. Zo langzaam telt die rij op.

– Dan kunnen we het maar beter laten, zei Robert.

– Dan kunnen we het maar beter laten.

Het schrift aan het plafond verbleekte heel langzaam, de oude meester verdween geruisloos en de tijd verstreek. Robert werd wakker omdat de zon kriebelde aan zijn neus. Toen zijn moeder aan zijn voorhoofd voelde en zei:

– Goddank, de koorts is gezakt! was hij al vergeten hoe gemakkelijk en hoe langzaam je van de één tot in het oneindige kon afglijden.

De tiende nacht

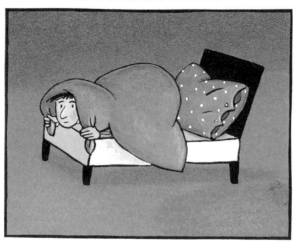

Robert zat op zijn rugzak, midden in de sneeuw. De kou drong door tot in zijn botten, en het bleef maar sneeuwen. In de verste verte geen licht, geen huis, geen mens te zien. Het was een flinke sneeuwstorm! En donker dat het was. Als dat zo doorging, dan was het over en uit! Zijn vingers verstijfden al. Hij had geen idee waar hij was. Op de noordpool misschien? Blauw van de kou probeerde Robert wanhopig zich warm te slaan. Hij wilde niet doodvriezen! Maar tegelijk zat een tweede Robert heel gezellig in een kuipstoel en keek toe hoe de andere bibberde. Je kunt dus ook over jezelf dromen, dacht hij.

De sneeuwvlokken die de andere Robert daarbuiten in de kou in het gezicht woeien, werden steeds groter, en de ene, de echte Robert, die in de warme stoel zat, zag dat geen van deze sneeuwvlokken op de andere leek. Al deze grote, witte vlokken waren verschillend. Meestal hadden ze zes hoeken of stralen. En als je nauwkeuriger keek, bleek dat dat patroon zich herhaalde: zeshoekige sterren in een zeshoekige ster, stralen die zich vertakten in steeds kleinere stralen, pieken, waaruit andere pieken voortkwamen.

Opeens tikte een hand hem op de schouder en een bekende stem zei:

– Zijn ze niet prachtig, die vlokken?

Het was de telduivel, die achter hem zat.

– Waar ben ik? vroeg Robert.

– Ogenblikje, ik doe het licht aan, antwoordde hij.

Plotseling werd het licht. Robert merkte dat hij in een bioscoop zat, in een sjiek zaaltje met twee rijen roodpluchen stoelen.

– Een privé-voorstelling, zei de telduivel. Alleen voor jou!

– Ik dacht al dat ik dood zou vriezen, riep Robert.

– Het was maar een film. Hier, ik heb iets voor je meegebracht.

Deze keer was het niet zomaar een zakjapannertje. Het was ook niet groen of week, en niet zo groot als een sofa, maar zilvergrijs, met een klein beeldscherm dat je kon opklappen.

– Een computer, riep Robert.

– Ja, zei de ander. Een soort notebook. Alles wat je intikt, verschijnt meteen daar op het filmscherm. Bovendien kun je met deze muis direct op het witte doek tekenen. Als je zin hebt, beginnen we meteen.

– Maar alsjeblieft geen sneeuwstormen meer! Liever een beetje rekenen dan bevriezen op de noordpool.

– Tik eens een paar Bonatsji-getallen in.

– Jij met je Bonatsji! zei Robert. Is hij soms je grote favoriet?

Hij tikte en op het witte doek verscheen de Bonatsji-reeks:

1,1, 2, 3, 5, 8, 13, 21, 34, 55, 89 ...

– Probeer ze nu eens te delen, zei de oude meester. Steeds twee die naast elkaar staan. De grotere door de kleinere.
– Goed, zei Robert. Hij tikte en tikte, benieuwd naar wat hij op het grote filmscherm zou lezen:

$$1:1 = 1$$
$$2:1 = 2$$
$$3:2 = 1,5$$
$$5:3 = 1,6666666666 \ldots$$
$$8:5 = 1,6$$
$$13:8 = 1,625$$
$$21:13 = 1,615384615 \ldots$$
$$34:21 = 1,619047619 \ldots$$
$$55:34 = 1,617647059 \ldots$$
$$89:55 = 1,618181818 \ldots$$

– Krankzinnig! zei Robert. Alweer van die getallen die nooit ophouden. Die 18, die zich in zijn staart bijt, en een paar van die andere zien er helemaal erg onverstandig uit.
– Ja, maar er is nog iets anders, gaf de telduivel hem in overweging. Robert dacht na en zei toen:

195

– Al deze getallen schommelen op en neer. Het tweede is groter dan het eerste, het derde kleiner dan het tweede, het vierde weer een beetje groter, en zo verder. Steeds op en neer. Maar hoe verder je komt, hoe minder ze schommelen.

– Precies. Als je steeds grotere Bonatsji's neemt, pendelt de uitkomst steeds meer in de richting van een gemiddeld getal, en wel

$$1,618\ 033\ 989\ ...$$

Maar denk niet dat dat het einde van het liedje is, want wat eruit komt is een onverstandig getal, dat nooit ophoudt. Je komt er steeds dichterbij, maar je kunt rekenen zoveel je wilt, je bereikt het nooit helemaal.

– Nou ja, zei Robert. Dat zit die Bonatsji's nu eenmaal ingebakken. Maar *waarom* schommelen ze zo rond dit vreemde getal?

– Dat is helemaal niets bijzonders, beweerde zijn vriend. Dat doen ze allemaal.

– Hoe bedoel je, allemaal?

– Het hoeven niet per se Bonatsji-getallen te zijn. Laten we eens twee doodgewone getallen nemen. Zeg me de eerste twee die je te binnen schieten.

– Zeventien en elf, riep Robert.

– Goed. Tel die twee nu eens op.

– Dat kan ik uit mijn hoofd. 28.

– Prachtig. Ik laat je op het witte doek zien hoe
het verdergaat:

$$11 + 17 = 28$$
$$17 + 28 = 45$$
$$28 + 45 = 73$$
$$45 + 73 = 118$$
$$73 + 118 = 191$$
$$118 + 191 = 309$$

– Dat snap ik, zei Robert. En wat nu?
– We doen hetzelfde als we met de Bonatsji-ge-
tallen gedaan hebben. Delen! Probeer het maar
rustig uit.
Op het witte doek verschenen de getallen die
Robert intikte en dat zag er zo uit:

$$17 : 11 = 1,545\,454 \cdots$$
$$28 : 17 = 1,647\,058 \cdots$$
$$45 : 28 = 1,607\,142 \cdots$$
$$73 : 45 = 1,622\,222 \cdots$$
$$118 : 73 = 1,616\,438 \cdots$$
$$191 : 118 = 1,618\,644 \cdots$$
$$309 : 191 = 1,617\,801 \cdots$$

– Precies hetzelfde krankzinnige getal! riep Robert. Dat begrijp ik niet. Zit dat soms in alle getallen verborgen? Gaat dat werkelijk *altijd* op? Met twee willekeurige getallen aan het begin? Welke ik ook kies?

– Jazeker, zei de oude meester. Overigens, als het je interesseert laat ik je zien wat 1,618... verder nog is. Op het witte doek verscheen nu iets afgrijselijks:

$$1,618\cdots = 1 + \cfrac{1}{1 + \cfrac{1}{1 + \cfrac{1}{1 + \cfrac{1}{1 + \cfrac{1}{1 + \cfrac{1}{\cdots}}}}}}$$

– Een breuk, schreeuwde Robert. Een breuk die zo afschuwelijk is dat je ogen er pijn van doen, en die nooit, nooit ophoudt! Ik haat breuken. Meneer Van Balen houdt ervan, hij valt er ons voortdurend mee lastig. Alsjeblieft, plaag me niet met dit monster.

– Geen paniek. Het is gewoon een kettingbreuk. Maar het is toch fantastisch, dat ons krankzinnige getal 1,618... zich uit een heleboel steeds kleiner wordende eentjes tevoorschijn laat lokken. Dat moet je toegeven.

– Alles wat je maar wilt, maar bespaar me de breuken, en vooral die waaraan geen einde komt.

– Goed, Robert. Ik wilde je alleen maar verba-
zen. Als de kettingbreuk je dwarszit, doen we
gewoon iets anders. Ik teken nu een vijfhoek
voor je:

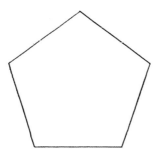

Elke zijde van deze vijfhoek heeft de lengte één.
– Een wát? vroeg Robert meteen. Een meter, een
centimeter of wat anders? Moet ik het meten?
– Dat maakt toch niks uit.
De oude baas liep nu weer een beetje rood aan.
– We zeggen gewoon dat elke zijde van de vijf-
hoek precies één quang lang is. Dat kunnen we
toch met elkaar afspreken, niet? Akkoord?
– Nou goed, voor mijn part.
Nu teken ik in de vijfhoek een rode ster:

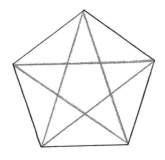

De ster bestaat uit vijf rode strepen. Kies er maar een uit, en ik zal je zeggen hoe lang die is. Precies 1,618... quang, geen spatje meer en geen spatje minder.

– Dat is gewoon griezelig! Het lijkt wel hekserij!

Robert was onder de indruk. De telduivel glimlachte gevleid.

– O, zei hij, dat is nog lang niet alles. Let op, nu nemen we de ster en meten de twee rode stukken waar ik A en B bij geschreven heb:

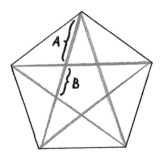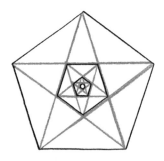

– A is een beetje langer dan B, stelde Robert vast.

– Ik zal je maar meteen vertellen hoeveel langer A is, zodat je je hoofd daar niet over hoeft te breken. A is precies 1,618... keer zo lang als B. We zouden trouwens steeds zo door kunnen gaan, je weet wel, tot in het oneindige, want met onze ster is het net als met de sneeuwvlokken: in de rode ster zit weer een zwarte vijfhoek, en in de zwarte vijfhoek weer een rode ster enzovoort.

– En steeds duikt dat dekselse onverstandige getal op? vroeg Robert.

– Wat je zegt. Als je het nog niet zat bent...

– Ik ben het helemaal niet zat, verzekerde Robert. Dit is behoorlijk spannend!

– Neem dan je notebook er nog eens bij. Tik dat dekselse getal in, ik lees het op:

$$1,618\ 033\ 989\ldots$$

Zo. Nu trek je er 0,5 af:

$$1,618\ 033\ 989\ldots - 0,5$$
$$= 1,118\ 033\ 989\ldots$$

Dat verdubbel je. Dus maal 2:

$$1,118\ 033\ 989\ldots \times 2$$
$$= 2,236\ 067\ 978\ldots$$

Zo, en nu laat je de uitkomst huppen. Je vermenigvuldigt het met zichzelf. Daarvoor heb je een speciale toets, daar staat x^2 op:

$$2,236067977\ldots^2 = 5,000\ 000\ 000$$

– Vijf, schreeuwde Robert. Hoe is het mogelijk! Hoe kan daar nu vijf uit komen? Precies vijf?

201

– Tja, zei de telduivel vergenoegd, daar heb je onze vijfhoek weer, en onze vijfpuntige ster daarin.

– Dat is echt duivelskunst, zei Robert.

– En nu leggen we een paar knopen in onze ster. Overal waar lijnen elkaar kruisen of waar ze samenkomen, leggen we een knoop:

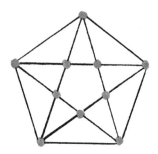

Tel eens hoeveel knopen dat zijn.

– Tien, zei Robert.

– En tel dan de witte vlakken eens.

Robert telde er elf.

– Nu hebben we nog het aantal lijnen nodig: alle lijnen die twee knopen met elkaar verbinden.

Dat duurde een tijdje, want Robert raakte in de war bij het tellen, maar ten slotte kwam hij erachter: 20 lijnen.

– Precies, zei de oude meester. En nu zal ik je wat voorrekenen:

$$10 + 11 - 20 = 1$$
$$(K + V - L = 1)$$

Als je de knopen en de vlakken optelt, en dan het aantal lijnen er aftrekt, komt er één uit.

– Nou en?

– Je denkt misschien dat dat alleen zo is bij onze vijfhoekster. Nee! De grap is namelijk, dat er *altijd* één uitkomt, welke figuur je ook neemt. Die kan zo ingewikkeld en onregelmatig zijn als je wilt. Probeer maar. Teken er maar op los, je zult het zien.

Hij drukte Robert de computer in handen en Robert tekende met de muis op het filmdoek:

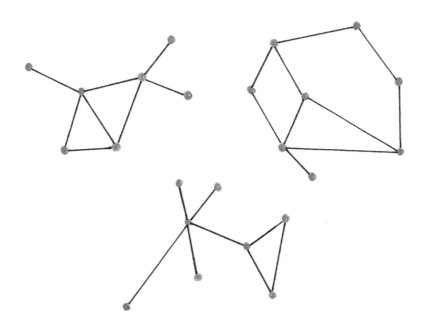

– Doe geen moeite, zei de telduivel. Ik heb al meegeteld. De eerste figuur heeft zeven knopen, twee vlakken en acht lijnen. Dat maakt 7 + 2 – 8 = 1. De tweede figuur 8 + 3 – 10 = 1. De derde 8 + 1 – 8 = 1. Altijd dezelfde één!

Dat geldt trouwens niet alleen voor platte figuren. Het gaat ook met kubussen of piramiden of geslepen diamanten. Alleen komt er dan niet 1 uit, maar 2.

– Dat wil ik wel eens zien.

– Hier: wat je nu op het witte doek ziet, is een piramide:

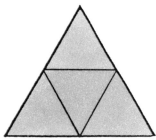

– Niks geen piramide, zei Robert. Dat zijn een paar driehoeken.

– Ja, maar wat gebeurt er als je dat ding uitknipt en in elkaar vouwt?

Meteen verscheen het resultaat op het witte doek, zonder dat er schaar of lijm aan te pas kwam:

– En met de volgende figuren kun je hetzelfde doen, zei hij en tekende verschillende vormen op het scherm:

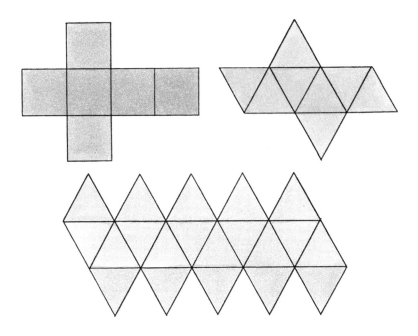

– Als dat alles is! dacht Robert. Ik heb nog wel moeilijker modellen gebouwd. De eerste figuur wordt een kubus als je die uitknipt en in elkaar plakt. Maar de andere twee?
– Hier zijn de dingen die je ervan kunt maken: een soort dubbele piramide, met een punt aan de bovenkant en een aan de onderkant en een bijna bolvormig ding dat bestaat uit twintig precies gelijke driehoeken:

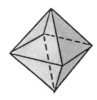 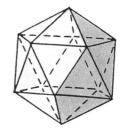

En je kunt zelfs een soort bol bouwen uit louter vijfhoeken. De vijfhoek is onze lievelings-
figuur. Op papier ziet dat er zo uit:

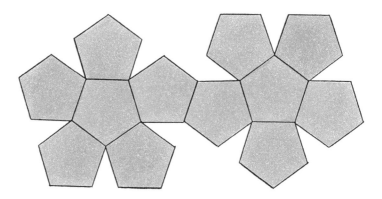

En als je het in elkaar plakt zo:

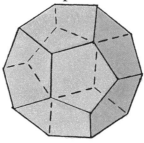

– Niet slecht, zei Robert. Misschien ga ik zoiets
eens in elkaar zetten.
– Maar niet nu. Nu wil ik liever ons spelletje

met knopen, lijnen en vlakken even spelen. Laten we eerst de kubus nemen, die is het simpelst:

Robert telde 8 knopen, 6 vlakken, 12 lijnen.
– 8 + 6 – 12 = 2, zei hij.
– Steeds twee! Hoe scheef of ingewikkeld het ding ook is, er komt altijd twee uit. Knopen + vlakken – lijnen is twee. Een ijzeren wet. Ja, pas op: zo is dat met de voorwerpen die je van papier kunt knutselen. Maar met de briljanten aan de ring van je moeder gaat het ook. Waarschijnlijk zelfs bij de sneeuwvlokken, maar die zijn altijd al gesmolten voor je klaar bent met tellen.
De stem van de oude meester was bij de laatste zinnen steeds zwakker geworden, steeds wattiger. Het was donkerder geworden in de kleine bioscoopzaal en op het witte doek begon het weer te sneeuwen. Maar Robert was niet bang. Hij wist dat hij in een warme bioscoop zat, waar je niet kon bevriezen, al werd het hem witter en witter voor ogen.
Toen hij wakker werd merkte hij dat hij niet

onder een flink pak sneeuw lag, maar onder zijn dikke witte dekbed. Dat had geen knopen en geen zwarte lijnen en eigenlijk ook geen echte vlakken, en vijfhoekig was het al helemaal niet. En natuurlijk was de mooie, zilvergrijze computer ook verdwenen.

Hoe zat dat ook weer met dat dekselse getal? Eén komma zes, zoveel wist hij nog, maar de rest van het eindeloze getal was hij vergeten.

Als je geduld hebt en goed overweg kunt met schaar en lijm, zou je zelf eens moeten proberen hoe je uit de drie-, vier- en vijfhoeken op de vorige bladzijden modellen kunt bouwen. Je moet er natuurlijk kleine plakrandjes aan tekenen, om de uitgeknipte figuren vast te plakken.

Als je alle vijf de modellen klaar hebt en het nog niet beu bent, is er nog een heel bijzonder ding, dat je zelf kunt bouwen. Maar alleen als je werkelijk geduld hebt en heel precies bent... Je neemt een heel groot blad stijf papier (minstens 35 x 20 centimeter), maar geen karton, en tekent daarop zo precies mogelijk de figuur die op bladzijde 210 staat afgebeeld: elke zijde van al die driehoeken moet precies even lang zijn als alle andere. Hoe lang, dat kun je zelf bepalen, het beste is 3 of 4 centimeter (of één quang). Dan knip je de figuur uit. De rode lijnen vouw je met de liniaal naar voren en de blauwe naar achteren. Dan plak je het ding in elkaar: de plakrandjes met de A op de driehoek met de a, B op b enzovoort. Wat er dan tevoorschijn komt? Een heel gekke ring van tien kleine piramiden, die je naar voren of naar achteren kunt draaien (voorzichtig!), en als je dat doet, komt er steeds weer een nieuwe vijfhoek en een vijfpuntige ster tevoorschijn. Raad trouwens eens, wat eruit komt wanneer je de knopen (of hoeken), de vlakken en de lijnen telt en berekent:

$$K + V - L = ?$$

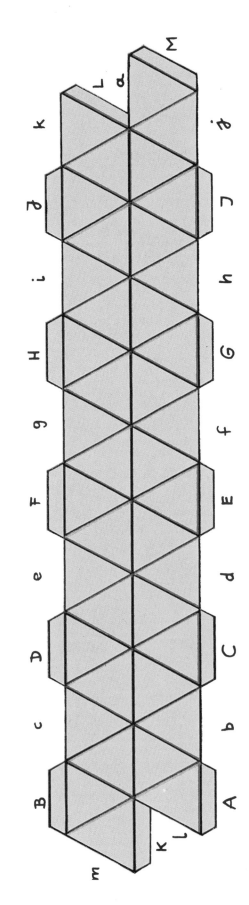

De elfde nacht

Het was al bijna donker. Robert jakkerde door
de binnenstad, over pleinen en door straten die
hij niet kende. Hij rende zo snel hij kon, omdat meneer Van Balen achter hem aan zat. Nu
en dan kwam de achtervolger zo dichtbij, dat
Robert hem achter zich hoorde hijgen. 'Stop!'
riep meneer Van Balen. Robert gaf nog een
beetje meer gas om aan hem te ontkomen. Hij
had geen idee wat de man van hem wilde en
waarom hij voor hem wegliep. Die krijgt me
nooit te pakken, dacht hij alleen maar. Hij is
toch veel dikker dan ik!
Maar toen hij bij de volgende straathoek
kwam, zag hij een tweede meneer Van Balen
van links op zich afstormen. Hoewel het licht
op rood stond, stoof hij het kruispunt over en
nu hoorde hij verschillende stemmen die hem
nariepen:
– Robert, blijf toch staan! We hebben het beste
met je voor.
Nu zaten hem al vier of vijf Van Balens op de
hielen. Uit de zijstraten doken steeds nieuwe
leraren op die als twee druppels water op zijn

achtervolger leken. Ze kwamen hem nu zelfs tegemoet.

Robert riep om hulp.

Een knokige hand greep hem beet en trok hem van de straat, een met glas overdekte passage in. Godzijdank! Het was de telduivel, die hem toefluisterde:

– Kom! Ik weet een privé-lift die tot de bovenste verdieping gaat.

De lift had spiegels aan alle vier de wanden en zo zag Robert een eindeloze reeks telduivels en jongens die exacte kopieën waren van Robert. Dat komt ervan, dacht hij, als je je met oneindige verzamelingen inlaat!

Maar de Van Balenstemmen buiten op straat waren in elk geval verstomd. Algauw hadden Robert en de telduivel de vijftigste verdieping bereikt. De liftdeur ging geruisloos open en ze stapten naar buiten, een prachtig dakterras op.

– Hier heb ik altijd al van gedroomd, zei Robert, toen ze zich in een Hollywood-schommelbank lieten zakken.

Beneden op straat zagen ze een menigte mensen die van bovenaf wel mieren leken.

– Ik wist niet dat er zo ontzettend veel Van Balens op de wereld waren, zei Robert.

– Dat geeft toch niks. Je hoeft niet bang voor ze te zijn, verzekerde de telduivel.

– Zoiets bestaat waarschijnlijk alleen in dromen, mompelde Robert. Als jij niet op tijd was gekomen, had ik niet meer helder kunnen denken.

– Daarom ben ik er ook. Nou, hier worden we door niemand gestoord. Wat is er aan de hand?

– Sinds de laatste keer heb ik er lang over nagedacht hoe alles wat je me hebt laten zien samenhangt. Goed, je hebt me een heleboel trucs verklapt, dat is waar. Maar ik vraag me af: *waarom*? Waarom komt er met die trucjes uit wat eruit komt? Bijvoorbeeld dat dekselse getal? En dan die vijf? Waarom doen die hazen net of ze weten wat een Bonatsji-getal is? Waarom houden de onverstandige getallen nooit op? En waarom klopt alles wat jij zegt *altijd*?

– Aha, zei de telduivel, zit dat zo! Jij wilt niet zomaar een beetje spelen met getallen? Jij wilt weten wat erachter zit? De spelregels? De zin van dat alles? Jij stelt, kortom, dezelfde vragen als een echte wiskundige.

– Wiskundige of niet. Eigenlijk heb je me steeds alleen maar wat *laten zien*, maar *bewezen* heb je het niet.

– Klopt, zei de oude meester. Je moet het me maar niet kwalijk nemen, maar de zaak zit zo: iets laten zien is makkelijk en leuk. Iets vermoeden is ook niet slecht. Uitproberen of je vermoeden klopt is nog beter. Dat hebben we toch vaak genoeg gedaan. Maar helaas is dat allemaal niet goed genoeg. Op het bewijs komt het aan. Zelfs jij wilt nu al van alles en nog wat bewezen zien.

– Zeker. Want veel dingen die je me verteld hebt, zie ik zo wel in. Maar bij andere dingen begrijp ik niet hoe het werkt en waarom en hoezo.

– Kortom, je bent ontevreden. Dat is goed. Denk je misschien dat een telduivel als ik ooit tevreden is met wat hij heeft ontdekt? Nooit ofte nimmer! Daarom broeden we aldoor op nieuwe bewijzen. Het is een eeuwig gepieker en gegraaf en gedokter. Maar als ons dan eindelijk een licht opgaat – en dat kan lang duren, in de wiskunde zijn honderd jaar snel voorbij –, nou, dan zijn we natuurlijk zo blij als een kind. Dan zijn we gelukkig.

– Je overdrijft. Zo moeilijk kan dat bewijzen toch niet zijn.

– Je hebt er geen idee van. Zelfs als je je verbeeldt dat je iets hebt begrepen, kan het je overkomen dat je je plotseling de ogen uitwrijft en moet inzien dat er een addertje onder het gras zit.

– Bijvoorbeeld?

– Jij denkt waarschijnlijk dat je van het huppen wel alles af weet. Alleen maar omdat je gemakkelijk van 2 op 2 x 2 komt, en van 2 x 2 op 2 x 2 x 2.

– Natuurlijk. 2^1, 2^2, 2^3 enzovoort, heel makkelijk.

– Ja, maar wat gebeurt er als je nul keer hupt? 1^0, 8^0 of 100^0? Weet je wat er dan uit komt? Zal ik het je zeggen? Je zult het niet geloven, maar er komt steeds één uit:

$$1^0 = 1, \quad 8^0 = 1, \quad 100^0 = 1$$

– Hoe kan dat nu? vroeg Robert verbluft.

– Vraag dat maar liever niet. Ik zou het je kunnen bewijzen, maar je zou denk ik gek worden als ik het deed.

– Probeer het dan, riep Robert woedend.

Maar de oude baas liet zich niet uit zijn evenwicht brengen.

– Heb je wel eens geprobeerd een snelstromende rivier over te steken?

– Dat ken ik, riep Robert. Dat ken ik maar al te goed!

– Zwemmen lukt niet, omdat de stroming je meteen mee zou sleuren. Maar midden in de rivier liggen een paar grote brokken steen. Wat doe je dus?

– Ik zoek stenen uit die zó dicht bij elkaar lig-

218

gen dat ik van de ene steen op de volgende kan springen. Als ik geluk heb, kom ik eroverheen. Zo niet, dan blijf ik steken.

– Precies zo gaat het met bewijzen. Omdat wij al een paar duizend jaar lang al het mogelijke geprobeerd hebben om over de rivier heen te komen, hoef je niet van voren af aan te beginnen. Er liggen al talloze stenen in de rivier waarop je vertrouwen kunt. Die zijn miljoenen keren uitgeprobeerd. Ze zijn niet glibberig, ze geven niet mee, dus ze garanderen je een stevige ondergrond. Als je een nieuw idee hebt, een vermoeden, dan zoek je de dichtstbijzijnde vaste steen. Als je die kunt bereiken, spring je, net zo lang tot je de vaste oever hebt bereikt. Als je goed uitkijkt, krijg je geen natte voeten.

– Aha, zei Robert. Maar waar *is* die vaste oever bij de getallen of bij de vijfhoeken of bij het huppen? Kun je me dat vertellen?

– Goeie vraag, zei de telduivel. De oever, dat zijn een paar stellingen die zo eenvoudig zijn dat er geen eenvoudigere bestaan. Als je daar aangeland bent, houdt het op. Dat geldt als bewijs.

– En wat voor stellingen zijn dat?

– Nou, bijvoorbeeld deze: bij elk gewoon getal, of het nu 14 of 14 miljard is, bestaat er één, en slechts één daaropvolgend getal, en dat vind je

219

door er 1 bij op te tellen. Of: een punt kan niet gedeeld worden, want het heeft geen grootte. Of: door twee punten op een plat vlak kun je maar een enkele rechte lijn trekken, en die gaat eindeloos verder in beide richtingen.

– Dat begrijp ik, zei Robert. En vanuit die paar stellingen kom je, als je verder springt, bij de dekselse getallen terecht of bij de Bonatsji's?

– Met gemak. En ook nog veel verder. Je moet alleen bij elke sprong verduveld oppassen. Net als bij die snelstromende rivier. Sommige stenen liggen te ver van elkaar. Dan kun je niet van de ene op de andere springen. Probeer je het toch, dan val je in het water. Vaak kom je alleen via omwegen verder, moet je steeds van richting veranderen, en soms gaat het helemaal niet. Dan heb je misschien een verleidelijke inval gehad, maar je kunt niet bewijzen dat je er verder mee komt. Of het blijkt dat je goede idee geen goed idee was. Weet je nog wat ik je helemaal in het begin heb laten zien? Hoe je alle cijfers uit de één tevoorschijn kunt toveren?

$$1 \times 1 = 1$$
$$11 \times 11 = 121$$
$$111 \times 111 = 12321$$
$$1111 \times 1111 = 1234321$$

En zo verder. Dat zag er toch werkelijk uit alsof je op dezelfde manier steeds verder kon gaan.

– Ja, en ik herinner me dat je behoorlijk kwaad was toen ik beweerde dat er een luchtje aan zat. Nou ja, ik zei het alleen maar om je op stang te jagen, want eigenlijk had ik geen flauw benul.

– Toch had je daar een goeie neus voor. Ik ben verder gaan rekenen, en inderdaad, bij

viel ik in het water: plotseling kwam er alleen nog getallensoep uit. Begrijp je? De truc zag er goed uit, en werkte goed, maar uiteindelijk helpt dat allemaal niks zonder bewijs.

Zo zie je, ook een sluwe telduivel kan een nat pak halen. Ik herinner me er een, Johnny van de Maan heette hij, die had een uitstekend idee. Hij schreef het op in een formule waarvan hij dacht dat die *altijd* op zou gaan. Toen heeft de gek die formule eenmiljardvijfhonderdmiljoen keer uitgeprobeerd, en elke keer klopte het. Hij heeft zich halfdood gerekend met zijn reuzencomputer – veel, veel nauwkeuriger dan wij met ons dekselse getal 1,618... –, en natuurlijk was hij ervan overtuigd dat het steeds zo verder zou gaan. Dus Johnny leunde tevreden achterover.

Maar het duurde niet lang of er kwam een andere telduivel – zijn naam ben ik kwijt – die heeft het nog nauwkeuriger en nog verder nagerekend, en wat bleek? Dat Johnny van de Maan zich vergist had. *Bijna* altijd klopte zijn wonderbaarlijke formule, maar nét niet *altijd*. Bijna, maar niet helemaal! Tja, dat was gewoon pech voor die arme duivel. Het ging in dat geval trouwens om de prima getallen. Die zijn heel verraderlijk, kan ik je wel zeggen. En dan is bewijzen een verduveld moeilijke zaak.

– Vind ik ook, zei Robert. Zelfs wanneer het alleen om een paar armzalige krakelingen gaat. Als meneer Van Balen er bijvoorbeeld maar over door blijft zeuren *waarom* het zo- en zoveel uren duurt voordat zo- en zoveel bakkers zo- en zoveel van die eeuwige krakelingen hebben gebakken – dan kun je het daar behoorlijk van op je zenuwen krijgen. Bovendien is het lang niet zo spannend als jouw kunststukjes.

– Ik geloof dat je hem onrecht doet. Jouw meneer Van Balen moet zich dag in dag uit aftobben met jullie huiswerksommen en mag niet van de ene steen op de andere springen zoals wij, die zonder leerplan gewoon doen waar we zin in hebben. Ik heb echt met hem te doen, de arme kerel. Ik geloof trouwens dat hij naar huis is gegaan, om huiswerk na te kijken.

Robert wierp een blik naar beneden. Inderdaad, daar op straat was alles stil en leeg.

– Sommigen van ons, zei de oude meester, maken het zich nog veel moeilijker dan jullie meneer Van Balen. Een van mijn oudere collega's bijvoorbeeld, de beroemde Lord Raadsel uit Engeland, heeft het eens in zijn hoofd gehaald om te bewijzen dat $1 + 1 = 2$. Op dit papiertje heb ik opgeschreven hoe hij dat gedaan heeft:

*54·42. $\vdash :: \alpha \in 2 . \supset :. \beta \subset \alpha . !\beta . \beta \neq \alpha . \equiv . \beta \in \iota``\alpha$

Dem.

$-. *54·4. \quad \supset\vdash :: \alpha = \iota`x \cup \iota`y . \supset :.$

$\qquad \beta \subset \alpha . \exists ! \beta . \equiv : \beta = \Lambda . v . \beta = \iota`x . v . \beta = \iota`y .$

$\qquad\qquad\qquad\qquad\qquad\qquad\qquad\qquad \frown v . \beta = \alpha : \exists ! \beta$

[$*24·53·56 . *51·161$] $\qquad \equiv : \beta = \iota`x . v . \beta = \iota`y . v . \beta = \alpha$ (1)

$\vdash . *54·25 . \text{Transp} . *52·22 . \supset \vdash : x \neq y . \supset . \iota`x \cup \iota`y $

$\qquad\qquad\qquad\qquad\qquad\qquad\qquad\qquad \frown \neq \iota`x . \iota`x \cup \iota`y \neq \iota$

[$*13·12$] $\supset \vdash : \alpha = \iota`x \cup \iota`y . x \neq y . \supset . \alpha \neq \iota`x . \alpha \neq \iota`y $ (2)

$\vdash . (1) . (2) . \supset \vdash :: \alpha = \iota`x \cup \iota`y . x \neq y . \supset :.$

$\qquad\qquad\qquad \beta \subset \alpha . \exists ! \beta . \beta \neq \alpha . \equiv : \beta = \iota`x . v . \beta = \iota`y :$

[$*51·235$] $\qquad\qquad\qquad\qquad\qquad \equiv : (\exists z) . z \in \alpha . \beta = \iota`z :$

[$*37·6$] $\qquad\qquad\qquad\qquad\qquad \equiv : \beta \in \iota``\alpha$ (3)

$\vdash . (3) . *11·11·35 . *54.101 . \supset \vdash . \text{Prop}.$

*54·43. $\vdash :. \alpha , \beta \in 1 . \supset : \alpha \cap \beta = \Lambda . \equiv . \alpha \cup \beta \in 2$

Dem.

$\qquad \vdash . *54·26 . \supset \vdash :. \alpha = \iota`x . \beta = \iota`y . \supset : \alpha \cup \beta \in 2 . \equiv . x \neq y .$

[$*51·231$] $\qquad\qquad\qquad\qquad\qquad\qquad \equiv . \iota`x \cap \iota`y = \Lambda .$

[$*13·12$] $\qquad\qquad\qquad\qquad\qquad\qquad \equiv . \alpha \cap \beta = \Lambda$ (1)

$\qquad \vdash . (1) . *11·11·35 . \supset$

$\qquad\qquad \vdash :. (\exists x , y) . \alpha = \iota`x . \beta = \iota`y . \supset : \alpha \cup \beta \in 2 .$

$\qquad\qquad\qquad\qquad\qquad\qquad\qquad \equiv . \alpha \cap \beta = \Lambda$ (2)

$\qquad \vdash . (2) . *11·54 . *52·1 . \supset \vdash . \text{Prop}.$

– Brrr! zei Robert, en rilde. Dat is afschuwelijk! En waar is het allemaal goed voor? Dat 1 + 1 = 2 weet ik ook zo wel.

– Ja, dat was Lord Raadsel ook duidelijk, maar hij wilde het nu eenmaal precies weten. Je ziet, waar dat toe leiden kan.

Overigens zijn er een heleboel problemen die er bijna even eenvoudig uitzien als 1 + 1 = 2, en toch is het verschrikkelijk moeilijk om ze op te lossen. Bijvoorbeeld de rondreis. Stel je voor: je gaat naar Amerika, waar je vijfentwintig kennissen hebt. Ze wonen elk in een andere stad en je wilt ze allemaal bezoeken. Nu neem je de landkaart voor je en je bedenkt hoe je dat het beste kunt doen. Zo weinig mogelijk kilometers, zodat je niet te veel tijd en niet te veel benzine voor je auto nodig hebt. Wat is de kortste route? Hoe speel je dat het beste klaar? Klinkt toch heel eenvoudig, niet? Maar ik kan je zeggen dat al veel mensen hun tanden op dat probleem hebben stukgebeten. De pienterste telduivels hebben geprobeerd deze noot te kraken, maar het is nog niemand helemaal gelukt.

– Hoe kan dat nu? vroeg Robert zich af. Dat kan toch niet zo moeilijk zijn! Ik bedenk welke mogelijkheden er zijn. Die teken ik op mijn kaart, en dan reken ik uit wat de kortste route is.

– Ja, zei de telduivel. Je knoopt om zo te zeggen een net met vijfentwintig knopen.
– Natuurlijk. Als ik twee vrienden wil bezoeken, is er maar één route, die van A naar B:

– Twee. Je kunt ook omgekeerd rijden, van B naar A.
– Dat komt op hetzelfde neer, zei Robert.
En als er drie vrienden zijn?
– Dan zijn er al zes mogelijkheden:

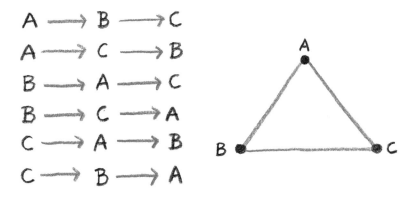

Overigens zijn deze routes allemaal even lang. Maar met vier krijg je al het probleem van de keuze:

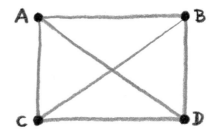

– Ja, zei Robert, maar ik heb geen zin om al die routes te tellen.

– Het zijn er precies vierentwintig, zei de telduivel. Ik vrees dat het net zoiets is als met dat van plaats wisselen in jullie klas. Je weet toch wat dat voor een warboel was met Albert, Bettina, Charlie enzovoort, omdat er zoveel verschillende mogelijkheden waren om naast elkaar te gaan zitten?

– Duidelijke zaak! Robert wist er alles van: bij drie scholieren drie wamm!, bij vier scholieren vier wamm! en zo verder.

– Zo gaat het ook bij je rondreis.

– Waar zit dan het onoplosbare probleem? Ik hoef alleen maar uit te rekenen hoeveel routes er zijn en daaruit kies ik dan de kortste.

– Ha! riep de oude meester. Als het zo eenvoudig was! Maar met vijfentwintig vrienden heb je al 25! mogelijkheden en dat is een ontzettend groot getal. Ongeveer

1 600 000 000 000 000 000 000 000 0

Die kun je onmogelijk allemaal uitproberen en nagaan welke de kortste is. Zelfs met de grootste computer die er bestaat zou je nooit klaarkomen.

– Dus kort en goed: het gaat niet.

– Dat hangt er helemaal van af. Over deze zaak hebben we ons sinds lang het hoofd gebroken. De sluwste telduivels hebben het geprobeerd met alle mogelijke trucs en ze zijn tot de conclusie gekomen dat het soms gaat en soms niet.

– Jammer, zei Robert. Als het maar af en toe gaat, dan is het een halve oplossing.

– En wat nog erger is, we kunnen niet eens definitief bewijzen dat er *geen* volmaakte oplossing bestaat. Dat zou namelijk ook al wat zijn. Dan hoefden we helemaal niet verder te zoeken. Dan zouden we tenminste bewezen hebben dat er geen bewijs bestaat, en dat zou tenslotte ook een bewijs zijn.

– Mmm, zei Robert. Dus ook de telduivels gaan af en toe kopje-onder. Dat stelt me gerust. Ik dacht al dat jullie konden toveren wat je maar wilde.

– Dat lijkt alleen maar zo. Als je eens wist hoe vaak het mij is gebeurd dat ik de rivier niet over kom! Dan mag ik al blij zijn als ik met droge voeten de weg naar de oude vertrouwde oever weer terugvind. Nu wil ik waarachtig niet beweren dat ik de grootste ben. Maar de grootmeesters onder de telduivels – je zult er misschien nog een paar leren kennen – die vergaat het niet anders. Dat betekent alleen maar dat de wiskunde nooit klaar is. Gelukkig maar, moet ik zeggen. Er blijft altijd nog wat te doen, beste Robert. En daarom moet je me nu verontschuldigen. Morgenvroeg wil ik me namelijk bezighouden met het simplex algoritme voor polytopische oppervlakken...

– Het wát? vroeg Robert.

– De beste manier om een warboel te ontwarren. Dan moet ik goed uitgeslapen zijn. Ik ga naar bed. Welterusten!

De telduivel was verdwenen. De Hollywood-schommelbank waarop hij gezeten had, schommelde nog zachtjes heen en weer. Wat zou dat nu weer zijn, een polytoop? Kan mij het schelen, dacht Robert. Voor meneer Van Balen hoef ik in elk geval niet meer bang te zijn. Als hij achter me aan zit, zal de telduivel me beslist uit de problemen helpen.

Het was een warme nacht, en het was prettig om in de daktuin een beetje voor je uit te dromen. Robert schommelde en schommelde en dacht nergens meer aan tot het weer klaarlichte dag was.

De twaalfde nacht

Robert droomde niet meer. Geen reuzenvissen die hem wilden opslokken, geen mieren die langs zijn benen omhoog kriebelden, ook meneer Van Balen en zijn vele, vele tweelingen lieten hem met rust. Hij roetsjte niet, hij werd niet meer in een kelder opgesloten, en hoefde geen kou te lijden. Hij sliep, kortom, beter dan ooit tevoren.

Dat was mooi, maar op de duur was het ook een beetje saai. Wat was er toch aan de hand met de telduivel? Had die misschien een goed idee dat hij niet kon bewijzen? Of had hij zich vastgebeten in zijn poliep-oppervlakken (of hoe die dingen ook weer heetten, waarover hij het laatst had)? Was hij Robert uiteindelijk gewoon vergeten? Zou het uit zijn met die droom? Dat idee beviel Robert helemaal niet. Zijn moeder verwonderde zich erover dat hij urenlang in de tuin zat en knopen en netten op het papier krabbelde om uit te zoeken hoe hij al die vrienden in Amerika, die helemaal niet bestonden, op de eenvoudigste manier een voor een kon bezoeken.

– Maak liever je huiswerk, kreeg hij dan te horen. Ook meneer Van Balen betrapte hem een keer toen hij in de wiskundeles een vel papier onder de bank verstopte.

– Wat heb je daar, Robert? Laat eens zien!

Maar toen had Robert het papier met de grote, bontgekleurde getallendriehoek al in elkaar gepropt en als een bal naar zijn vriend Charlie toe geworpen. Op Charlie kon je rekenen. Die zorgde er wel voor dat meneer Van Balen er niet achter kwam wat Robert uitspookte.

Op een nacht sliep hij weer eens zo diep en droomloos, dat hij helemaal niet merkte dat er iemand luid op zijn deur bonsde.

– Robert! Robert!

Het duurde behoorlijk lang voor hij wakker werd. Hij sprong uit bed en deed open. Het was de telduivel.

– Daar ben je dan eindelijk, zei Robert. Ik heb je gemist.

– Vlug, zei de ander. Kom mee! Ik heb een uitnodiging voor je. Hier!

Hij trok een gedrukt kaartje met een gouden rand en fraaie kunstletters uit zijn zak. Robert las:

per speciale bode
Uitnodiging aan

Robert

leerling van de telduivel

Teplotaxl

voor het grote diner hedenavond
in de getallenhel/in de getallenhemel
De secretaris-generaal:

دَ آلَ ما تُشِ (سِ

De ondertekening was een onleesbaar gekrul, dat er Perzisch of Arabisch uitzag.

Zo snel hij kon, schoot Robert in zijn kleren.

– Dus jij heet Teplotaxl? Waarom heb je me dat nooit gezegd?

– Alleen ingewijden mogen weten hoe een telduivel heet, antwoordde de oude meester.

– Hoor ik daar nu dan bij?

– Bijna. Anders had je vast geen uitnodiging gekregen.

– Gek, mompelde Robert. Wat moet dit nu betekenen: 'in de getallenhel/in de getallenhemel'? Het is toch het één of het ander.

– Ach, weet je: getallenparadijs, getallenhel, getallenhemel – het komt eigenlijk allemaal op hetzelfde neer, zei de telduivel.

Hij stond bij het raam en zette het wagenwijd open.

– Je zult wel zien. Ben je klaar?

– Ja, zei Robert, hoewel hij de hele zaak een beetje griezelig begon te vinden.

– Klim dan op mijn schouders.

Robert vreesde dat hij veel te zwaar zou zijn voor de spichtige telduivel, want die was waarachtig geen reus. Maar hij wilde niet moeilijk doen. En ziedaar, nauwelijks zat hij op de schouders van Teplotaxl of daar zette de meester zich met een geweldige sprong af en vloog met Robert naar buiten.

Zoiets kan je ook alleen maar in een droom overkomen, dacht Robert.

Maar waarom niet? Een luchtreis zonder motor, zonder dat je veiligheidsriemen aan moest snoeren, zonder stomme stewardessen die je altijd plastic speelgoed gaven en tekenschriften om vol te kleuren, alsof je drie was – dit was weer eens wat anders! Na een geruisloze vlucht landde de telduivel ten slotte zacht op een groot terras.

– We zijn er, zei hij, en zette Robert op de grond.

Ze stonden voor een langgerekt, prachtig paleis dat helverlicht was.

– Waar heb ik mijn uitnodiging gelaten? vroeg Robert. Ik geloof dat ik hem thuis heb laten liggen.

– Geef niks, stelde de oude hem gerust. Iedereen die echt wil, komt hier binnen. Maar wie
weet waar het getallenparadijs ligt? Daarom
vindt maar een enkeling de weg.

Inderdaad: de hoge vleugeldeur stond open en
er was niemand die naar de bezoekers omkeek.

Ze stapten naar binnen en kwamen in een ongelofelijk lange gang met vele, vele deuren. De
meeste stonden op een kier, of helemaal open.

Robert wierp een nieuwsgierige blik in de eerste kamer. Teplotaxl legde zijn wijsvinger op de
lippen en zei: Ssst! Binnen zat een oeroude
man met sneeuwwit haar en een lange neus.
Hij praatte met zichzelf:

– Alle Engelsen zijn leugenaars. Maar hoe zit
het, als *ik* dat zeg? Ik ben tenslotte zelf een En-
gelsman. Dus lieg ik ook. Dan kan dat wat ik
zojuist beweerde, dat alle Engelsen liegen, dus
niet kloppen. Maar als ze de waarheid spreken,
dan moet ook wat ik zojuist gezegd heb waar
zijn. Dus liegen we toch!

Terwijl hij zo voor zich uit mompelde, trippel-
de de man steeds in een kringetje rond.

De telduivel wenkte Robert, en ze gingen verder.

– Dat is de arme Lord Raadsel, legde de gids
aan zijn gast uit. Je weet wel, die bewezen heeft
dat 1 + 1 = 2.

– Is hij een beetje de kluts kwijt? Geen wonder,
hij is oeroud.

– Denk dat maar niet! Die vent is verdraaid scherpzinnig. Bovendien, wat betekent oud hier? Lord Raadsel is een van de jongsten in huis. Die heeft er nog geen 150 jaar op zitten.

– Hebben jullie dan nog oudere hier in het paleis?

– Dat zul je zo wel zien. In de getallenhel, dat wil zeggen in de getallenhemel, sterft namelijk niemand.

Ze kwamen bij een andere deur die wijd openstond. In de kamer hurkte een man die zo piepklein was dat Robert hem pas na een tijdje zoeken ontdekte. Het vertrek stond vol merkwaardige voorwerpen. Een paar ervan waren grote glazen krakelingen. Die zou meneer Van Balen leuk vinden, dacht Robert, hoewel je ze niet kan eten. Ze waren wonderlijk van vorm, eigenaardig in elkaar gevlochten en met verschillende gaten. Er stond ook een fles van groen glas.

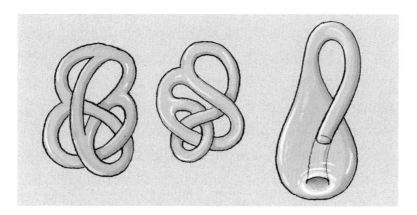

– Kijk daar eens goed naar, fluisterde de telduivel in Roberts oor. Bij deze fles weet je niet wat binnen en wat buiten is.

Robert dacht: dat bestaat toch niet! Zo'n fles bestaat alleen in een droom.

– Stel je voor dat je hem vanbinnen blauw en vanbuiten rood wilt schilderen. Dat gaat niet. Hij heeft namelijk nergens een rand. Je zou nooit weten waar de rode kant ophoudt en de blauwe begint.

– En dat heeft dat kleine meneertje daar uitgevonden? Hij had makkelijk in zijn eigen fles gepast.

– Niet zo hard! Weet je hoe hij heet? Dr. Klein! Kom, we moeten verder.

Ze kwamen langs vele deuren. Vaak hing er een kartonnen bordje aan waarop stond: Niet storen s.v.p.! Bij een andere deur die wijd openstond, bleven ze staan. De wanden en de meubels in de kamer waren bedekt met een fijn stof.

– Dat is geen gewoon stof, zei Teplotaxl. Het bevat meer deeltjes dan je tellen kunt. En het gekste is: als je er zoveel van neemt als er op de punt van een naald past, dan zit in dat kleine beetje stof al het stof van de hele kamer. Dat is overigens professor Cantor, die dit stof heeft uitgevonden. Cantor is Latijn en betekent *zanger*.

Inderdaad hoorde je hoe de bewoner, een bleke

meneer met een puntbaardje en priemende ogen, voor zich uit zong:

– Oneindig maal oneindig is oneindig! En daarbij danste hij nerveus in een kring rond. Hyperoneindig maal oneindig is hyperoneindig.

– Gauw verder, dacht Robert.

Zijn vriend klopte beleefd op een van de volgende deuren en een vriendelijke stem zei: Binnen. Teplotaxl had gelijk: alle bewoners van het paleis waren zo oud dat de telduivel naast hen een jongeman leek. Maar de beide grijsaards die ze nu ontmoetten, maakten een heel levendige indruk. De ene had grote ogen en droeg een pruik.

– Komt u binnen, mijne heren. Mijn naam is Uildert en dit hier is professor Kous.

De laatste zag eruit of hij het naadje van de kous wilde weten. Hij keek nauwelijks op van zijn papieren. Robert had het gevoel dat het bezoek hem niet bijzonder welkom was.

– We hebben het juist over de prima getallen, zei de vriendelijke. U weet zeker wel dat dat een hoogst interessant onderwerp is.

– O ja, zei Robert. Je weet nooit wat je aan ze hebt.

– Gelijk heb je. Maar met hulp van mijn collega hoop ik altijd nog ze door te krijgen.

– En wat doet professor Kous, als ik vragen mag? Maar die wilde niet verklappen waar hij over nadacht.

– Meneer Kous heeft een hoogst wonderbaarlijke ontdekking gedaan. Hij houdt zich bezig
met een heel nieuw soort getallen. Hoe heeft u
die genoemd, beste vriend?
– i, zei de meneer met de strenge blik, en dat
was alles wat hij zei.
– Dat zijn de verzonnen getallen, legde Teplotaxl uit. Heren, neemt u ons niet kwalijk dat
we u gestoord hebben.
En verder ging het weer. Ze namen snel een
kijkje bij Bonatsji, in wiens kamer het wemelde
van de hazen. Toen kwamen ze langs vertrekken waarin West-Indiërs en Arabieren en Per-
zen en Indiërs werkten, kletsten en sliepen. En

hoe verder ze kwamen, hoe ouder de bewoners
eruitzagen.
– Die daar, die eruitziet als een maharadja, zei
Teplotaxl, is minstens tweeduizend jaar oud.
De kamers waar ze voorbijkwamen werden
steeds groter en prachtiger, tot ze ten slotte
voor een soort tempel stonden.
– Daar mogen we niet naar binnen, zei Roberts
begeleider. Die man in het witte gewaad is zo
belangrijk dat een kleine duivel als ik hem niet
eens mag aanspreken. Hij komt uit Grieken-
land, en wat hij allemaal heeft uitgevonden,
dat is werkelijk ongelofelijk. Zie je die tegels
op de vloer? Alleen maar vijfpuntige sterren en

vijfhoeken. Hij wilde de hele vloer daarmee be-
dekken zonder één kiertje over te houden en
toen dat niet ging, heeft hij de onverstandige
getallen ontdekt. De radijs uit vijf en de radijs
uit twee. Je herinnert je toch nog wel wat voor
dekselse getallen dat zijn?

– Natuurlijk, verzekerde Robert.

– Hij heet Pythagoras, fluisterde de telduivel.
En weet je wat hij ook nog heeft uitgevonden?
Het woord *mathematica*, dat is Grieks voor
wiskunde. Zo, nu zijn we er bijna.

De zaal waar ze nu binnen gingen, was de
grootste die Robert ooit had gezien, groter dan
een kathedraal en groter dan een sporthal, en
veel, veel mooier. De wanden waren versierd
met mozaïeken die steeds weer andere patro-
nen lieten zien. Een grote, brede trap voerde
omhoog, zo hoog dat je het einde ervan niet
kon zien. Op een tussenbordes stond een gouden troon, maar er zat niemand op.

Robert stond paf. Zo luxueus had hij zich de
woning van de telduivel niet voorgesteld.

– Helemaal geen hel, zei hij. Het is een paradijs!

– Dat moet je niet zeggen. Weet je, ik mag
heus niet klagen, maar soms, 's nachts, wanneer ik geen stap verder kom met mijn probleem, dat is om gek van te worden! Je bent
nog maar één stap van de oplossing af, en dan

sta je opeens voor een muur – dat is de hel!

Robert zweeg tactvol en keek om zich heen. Nu pas zag hij een haast eindeloos lange tafel, die midden in de zaal stond opgesteld. Langs de wand stonden de bedienden, en vlak naast de ingang zag hij een boomlange kerel met een grote houten hamer in de hand. De man haalde ver uit en sloeg tegen een enorme gong, die door het hele paleis heen galmde.

– Kom, zei Teplotaxl, we zoeken daar aan het einde een plaatsje.

Terwijl ze aan het einde van de tafel plaatsnamen, stroomden de belangrijker telduivels toe. Robert herkende Uildert en professor Kous, ook Bonatsji, die een haas op zijn schouder droeg. Maar de meeste van deze heren had hij niet eerder gezien. Er waren plechtig binnenschrijdende Egyptenaren bij, Indiërs met rode stippen op het voorhoofd, Arabieren in boernoes, monniken in pijen, ook zwarten en indianen, Turken met kromzwaarden en Amerikanen in spijkerbroek.

Verbaasd zag Robert hoeveel telduivels er waren en hoe weinig vrouwen ertussen zaten. Hij zag hooguit zes of zeven vrouwelijke gestalten en die werden schijnbaar ook niet erg serieus genomen.

– Waar zijn de vrouwen toch? Mogen die hier niet naar binnen? vroeg hij.

– Vroeger wilde men niets van ze weten. Wiskunde, zo zei men in het paleis, is een mannenzaak. Maar ik denk dat dat gaat veranderen.

De vele duizenden gasten schoven hun stoelen aan en prevelden begroetingen. Toen sloeg de boomlange kerel bij de ingang nog eens op de gong en het werd stil. Op de grote trap verscheen een Chinees in zijden gewaad en nam plaats op de gouden troon.

– Wie is dat? vroeg Robert.

– Dat is de uitvinder van de nul, fluisterde Teplotaxl.

– Hij is zeker de grootste?

– Op één na, zei zijn begeleider. De allergrootste woont helemaal daarboven, waar de trap ophoudt, in de wolken.

– Is dat ook een Chinees?

– Ik wou dat ik het wist! Die hebben we nog nooit gezien. Maar we vereren hem allemaal. Hij is het opperhoofd van alle telduivels, want hij heeft de één uitgevonden. Wie weet is het helemaal geen man. Misschien is het een vrouw! Robert was zo onder de indruk dat hij lange tijd zijn mond hield. Intussen waren de bedienden begonnen de maaltijd op te dienen.

– Er zijn alleen maar taarten! riep Robert.

– Ssst! Niet zo hard, jongen. Wij eten hier alleen maar taarten omdat taarten rond zijn en omdat de cirkel de volmaaktste is van alle figuren. Proef maar eens.

Zoiets heerlijks had Robert nog nooit gegeten.

– Als je wilt weten hoe groot zo'n taart is, hoe pak je dat aan?

– Weet ik niet. Dat heb je me niet verteld, en op school zijn we nog altijd met de krakelingen bezig.

– Daar heb je een onverstandig getal voor nodig, en wel het belangrijkste van allemaal. Die meneer daar aan het hoofd van de tafel heeft het meer dan tweeduizend jaar geleden ontdekt. Een van de Grieken. Als we hem niet hadden, wisten we misschien tot op de dag van vandaag niet precies hoe groot zo'n taart is, of onze wielen, onze ringen en onze olietanks. Kortom, alles wat cirkelvormig is. Zelfs de maan en onze aardbol. Zonder het getal pi valt er niks van te zeggen.

Intussen gonsde en bruiste het in de zaal, zo

enthousiast spraken de telduivels met elkaar. De meesten aten met smaak, slechts enkelen zaten in gedachten verzonken omhoog te staren en draaiden intussen kleine balletjes van taartdeeg. Drinken was er ook genoeg, gelukkig uit vijfhoekige kristallen glazen, en niet uit die maffe fles van meneer Klein.

Toen de maaltijd voorbij was, klonk de gong, de uitvinder van de nul stond op van zijn troon en verdween naar boven. Een voor een stonden ook de andere telduivels op, de belangrijkste natuurlijk eerst, en sjokten terug naar hun studeerkamers. Tot slot bleven alleen Robert en zijn beschermer zitten.

Een meneer in een prachtig uniform, die Robert nog helemaal niet had opgemerkt, kwam naar hen toe. Dat is vast de secretaris-generaal, dacht hij, de man die mijn uitnodiging heeft ondertekend.

– Zo, zei de hoogwaardigheidsbekleder met een streng gezicht, dit is dus uw leerling? Tamelijk jong, vindt u niet? Kan hij eigenlijk al een beetje toveren?

– Nog niet, antwoordde Roberts vriend, maar als hij zo doorgaat, zal hij er zeker gauw mee beginnen.

– En hoe gaat het met de prima getallen? Weet hij hoeveel er daarvan zijn?

247

– Precies evenveel, zei Robert vlug, als van de gewone en de oneven en de gehupte getallen.

– Nu goed, dan zullen we hem de rest van het examen kwijtschelden. Hoe heet hij?

– Robert.

– Sta op, Robert. Bij deze neem ik je op in de laagste rang van de getallenleerlingen, en ten teken van deze waardigheid verleen ik je de pythagorese getalsorde vijfde klasse.

Met deze woorden hing hij hem een zware ketting om de hals, waaraan een vijfpuntige gouden ster bungelde.

– Dank u wel, zei Robert.

– Deze onderscheiding moet vanzelfsprekend geheim blijven, voegde de secretaris-generaal eraan toe, en zonder Robert ook maar aan te kijken, draaide hij zich op zijn hielen om en verdween.

– Zo, dat was het wel zo'n beetje, zei Roberts vriend en meester. Ik ga nu weg. Van nu af aan moet je het zelf proberen uit te zoeken.

– Wat zeg je nu? Je kunt me toch niet zomaar in de steek laten, Teplotaxl! riep Robert.

– Het spijt me, maar ik moet weer aan het werk, antwoordde deze.

Robert zag aan hem dat hij ontroerd was, en zelf moest hij ook bijna huilen. Hij had helemaal niet beseft hoe verknocht hij was geraakt aan zijn telduivel. Natuurlijk wilde geen van beiden iets laten merken, en daarom zei Teplotaxl alleen:

– Het ga je goed, Robert.

– Dag, zei Robert.

En weg was zijn vriend. Nu zat Robert helemaal alleen in de reusachtige zaal aan de leeggeruimde tafel. Verduveld, hoe moet ik nu thuiskomen? dacht hij. Hij had het gevoel alsof de ketting die hij om zijn hals droeg elke minuut zwaarder werd. Bovendien lag die heerlijke taart hem nogal zwaar op de maag. Had hij misschien ook een glas te veel gedronken? In elk geval dutte hij op zijn stoel in, en weldra sliep hij zo vast alsof hij nooit op de schouders van zijn meester het raam uit gevlogen was.

Toen hij wakker werd, lag hij in zijn bed, zoals altijd. Zijn moeder schudde hem door elkaar en riep:

– Hoogste tijd, Robert. Meteen opstaan, anders kom je te laat op school.

Ach ja, zei Robert bij zichzelf, het is altijd hetzelfde. In je droom krijg je de beste taarten te eten en als je geluk hebt, krijg je zelfs een gouden ster om je hals gehangen, maar je bent nog niet wakker of alles is weer weg.

Maar toen hij in zijn pyjama in de badkamer stond en zijn tanden poetste, kietelde er iets op zijn borst, en toen hij ernaar keek, vond hij daar een piepklein vijfpuntig sterretje aan een dun gouden kettinkje.

Hij kon het nauwelijks geloven. Deze keer had zijn gedroom werkelijk iets opgeleverd!

Toen hij zich aankleedde, deed hij het kettinkje af en stak het in zijn broekzak, zodat zijn moeder geen stomme vragen kon stellen. Waar heb je die ster vandaan? Een echte jongen draagt toch geen sieraden! Dat dit een geheim ordeteken was, kon Robert haar onmogelijk uitleggen. Op school was het als altijd, alleen maakte meneer Van Balen een heel vermoeide indruk. Hij verschanste zich achter zijn krant. Blijkbaar wilde hij ongestoord krakelingen eten. Daarom had hij een opgave bedacht waarvan hij zeker wist dat de klas de rest van het lesuur nodig zou hebben om die op te lossen.

– Hoeveel leerlingen zitten er in jullie klas? had hij gevraagd.

De ijverige Doris was meteen opgestaan en had gezegd:

– Achtendertig.

– Goed, Doris. Let nu goed op. De eerste leerling daar vooraan, hoe heet ie ook weer, Albert,
ja, Albert krijgt één krakeling. Jij, Bettina, bent
de tweede, jij krijgt twee krakelingen, Charlie
krijgt er drie, Doris vier, en zo verder tot de
achtendertigste. Rekenen jullie nu eens uit
hoeveel krakelingen we nodig zouden hebben
om op deze manier de hele klas te voorzien.
Dat was weer zo'n typisch Baal-opgave! De
duivel mag hem halen, dacht Robert. Maar hij
liet niets merken.
Meneer Van Balen begon in alle rust zijn krant
te lezen en de leerlingen bogen zich over hun
rekenschrift.
Robert had natuurlijk geen zin om die idiote
opgave te maken. Hij zat daar maar en staarde
voor zich uit.
– Wat is er, Robert? Je zit weer te dromen, riep
meneer Van Balen. Hij hield de leerlingen dus
toch in de gaten.
– Ik ben al bezig, zei Robert en begon in zijn
schrift te schrijven:

$$1 + 2 + 3 + 4 + 5 + 6 \cdots$$

Jeminee, wat stomvervelend was dat! Al bij de
elf raakte hij in de war. Dat moest hém weer
overkomen, de drager van de pythagorese ge-

talsorde, al was het ook maar vijfde klasse! Toen bedacht hij dat hij zijn ster helemaal niet droeg. Hij had hem in zijn broekzak laten zitten. Voorzichtig haalde hij het kettinkje tevoorschijn en hing het, zonder dat meneer Van Balen iets merkte, om zijn hals, waar het hoorde. En meteen wist hij ook hoe hij de som op een handige manier kon uitrekenen. Niet voor niks was hij goed bekend met de driehoekige getallen. Hoe ging dat ook weer? Hij schreef in zijn schrift:

$$\begin{array}{cccccc} 1 & 2 & 3 & 4 & 5 & 6 \\ 12 & 11 & 10 & 9 & 8 & 7 \\ \hline 13 & 13 & 13 & 13 & 13 & 13 \end{array}$$

$$6 \times 13 = 78$$

Als dat met de getallen van één tot twaalf werkte, dan moest het toch ook met die van één tot achtendertig gaan!

$$\begin{array}{cccccc} 1 & 2 & 3 & \cdots & 18 & 19 \\ 38 & 37 & 36 & \cdots & 21 & 20 \\ \hline 39 & 39 & 39 & \cdots & 39 & 39 \end{array}$$

$$19 \times 39 = ?$$

Onder de bank trok hij voorzichtig zijn zakjapannertje uit de schooltas en tikte in:

$$19 \times 39 = 741$$

– Ik heb het, riep hij. Het is doodeenvoudig!
– O ja? zei meneer Van Balen en hij liet zijn
krant zakken.
– 741, zei Robert heel rustig.
Het werd doodstil in de klas.
– Hoe weet je dat? vroeg meneer Van Balen.
– Ooh, antwoordde Robert, dat reken je toch
zó uit. Hij greep naar het kleine sterretje onder
zijn hemd en dacht dankbaar aan zijn telduivel.

Waarschuwing!

In een droom is alles heel anders dan op school of in de wetenschap. Als Robert en de telduivel met elkaar praten, drukken ze zich soms nogal vreemd uit. Geen wonder, want *De telduivel* is nu eenmaal een merkwaardig verhaal. Maar je moet niet denken dat alle mensen de droomwoorden die Robert en de telduivel in de mond nemen, begrijpen! Je wiskundeleraar bijvoorbeeld, of je ouders. Als je tegen hen 'huppen' zegt, of 'radijs', dan begrijpen ze helemaal niet wat je bedoelt. Volwassenen gebruiken namelijk heel andere woorden: die zeggen niet *huppen*, maar *kwadrateren* of *machtsverheffen*, en niet *radijs* maar *wortel*. De *prima getallen* heten in het wiskunde-onderwijs *priemgetallen*, en nooit ofte nimmer zal jouw leraar *vijf wamm!* zeggen, want daarvoor heeft hij een vreemd woord, en dat luidt: *vijf faculteit*.

In een droom bestaan zulke vaktermen natuurlijk niet. Geen mens droomt in louter vreemde woorden. Wanneer de telduivel dus in beelden spreekt en de getallen laat huppen, in plaats van ze tot een bepaalde macht te verheffen, dan is dat niet zomaar kinderpraat: in de droom doen we allemaal wat we willen.

Maar in het onderwijs wordt niet geslapen en zelden gedroomd. Daarom heeft je leraar gelijk als hij zich uitdrukt zoals alle wiskundigen op de wereld. Richt je daar dus naar, anders zou je moeilijkheden kunnen krijgen op school.

254

Zoek- en vindlijst

Wie het boek heeft gelezen en later niet meer weet hoe iets wat hij nodig heeft in het boek werd genoemd, kan het met deze lijst snel terugvinden.

In alfabetische volgorde staan hier niet alleen de droomwoorden die de telduivel en Robert gebruiken, maar ook de 'juiste', de officiële begrippen die de wiskundigen gebruiken. Die zijn in gewone drukletters weergegeven, terwijl de droomwoorden *cursief* zijn gedrukt.

Overigens komen er in de lijst een paar uitdrukkingen voor die in het boek zelf niet te vinden zijn. Maar daar hoef je niet naar om te kijken.

Het zou kunnen dat wiskundeleraren of andere volwassenen *De telduivel* in handen krijgen. Zulke termen zijn voor hen bestemd, zodat ze ook wat te lachen hebben.

Dankbetuiging

Aangezien de auteur helemaal geen wiskundige is, heeft hij alle reden om zijn dank te betuigen aan degenen die hem op weg geholpen hebben.

Dat was in de eerste plaats zijn wiskundeleraar Theo Renner, een leerling van Sommerfeld, die – in tegenstelling tot meneer Van Balen – steeds weer kon bewijzen dat in de wiskunde het plezier en niet de verschrikking de boventoon voert.

Onder de meer recente telduivels wier werk nuttig is gebleken zijn te noemen: John H. Conway, Philip J. Davis, Keith Devlin, Ivar Ekeland, Richard K. Guy, Reuben Hersch, Konrad Jacobs, Theo Kempermann, Imre Lakatos, Benoit Mandelbrot, Heinz-Otto Peitgen en Ian Stewart.

Pieter Moree van het Max Planck Institut für Mathematik in Bonn was zo vriendelijk, de tekst na te kijken en een paar fouten te corrigeren.

Natuurlijk is geen van de genoemden verantwoordelijk voor de dromen van Robert.

H.M.E.